Android
项目开发实战教程

许　超　主编

赖　炜　张晓军　副主编

化学工业出版社

·北京·

本书是校企合作开发的教材，以 Android 市场发布过的手机游戏作为教学案例，将案例中涉及的相关知识点，有机地融入到教学过程中，并按照 Android 平台体系特征，详细介绍了各类 Android 项目开发所用的共性技术。

　　本书以 Android 市场发布过的多款 app 作为教学案例，详细剖析每个 app 从产品设计、需求设计到技术实现的过程，帮助读者全面了解各类 Android app 的开发难点和要点。本书首先介绍了 Android 项目开发基础知识，然后通过《打地鼠》、《贪啵虎》和《通关夺宝》3 个项目的设计与开发任务，综合介绍了 Android 技术的应用方法，并附有详细的开发源代码。读者通过本书的学习，将全面、系统地掌握 Android 平台相关开发技术，同时还将深入了解这些技术如何具体应用到企业开发实践中去。

　　本书可供高职高专计算机应用技术、计算机网络技术、软件工程、物联网等相关专业教学使用，也可供相关工程技术人员参考。

图书在版编目（CIP）数据

Android 项目开发实战教程/许超主编. —北京：
化学工业出版社，2018.2
ISBN 978-7-122-31254-9

Ⅰ. ①A… Ⅱ. ①许… Ⅲ. ①移动终端-应用程序-
程序设计-教材 Ⅳ. ①TN929.53

中国版本图书馆 CIP 数据核字（2017）第 330450 号

责任编辑：王昕讲
责任校对：边　涛　　　　　　　　　　装帧设计：刘丽华

出版发行：化学工业出版社（北京市东城区青年湖南街 13 号　邮政编码 100011）
印　　装：三河市双峰印刷装订有限公司
787mm×1092mm　1/16　印张 14½　字数 378 千字　2018 年 3 月北京第 1 版第 1 次印刷

购书咨询：010-64518888（传真：010-64519686）　　售后服务：010-64518899
网　　址：http：//www.cip.com.cn
凡购买本书，如有缺损质量问题，本社销售中心负责调换。

定　　价：**48.00 元**　　　　　　　　　　　　　　　　　　版权所有　违者必究

前　言

为了更好地培养 Android 开发人才，我们与湖南东君科技实行校企深度合作，组建了课程研发团队，通过长期教学实践，逐步完成了本书的构思和编写任务。在本书编写过程中，重点体现本课程的专业基础平台课的性质，在内容的安排和深度的把握上，坚持传授 Android 应用开发技能，培养学生运用基础知识解决实际问题的能力。本书有以下几方面的特色。

（1）内容先进。本书重点介绍当前市场最新主流的 Android 操作系统，详细地叙述了 Android 项目开发的整个流程，引导学生了解最新的 Android 平台应用开发技术。

（2）代码丰富。本书根据高职教学实际情况，文字表达浅显易懂，案例有趣，并配有大量的开发源代码，方便教师授课，同时也便于学生理解。

（3）突出实用。本书强调实用性，以培养学生完成实际工作能力为重点，紧密联系企业实际，增加了用户需求分析、UI 设计、市场发布等内容。

（4）结构合理。本书在内容编排上紧密结合职业教育实际，符合职业院校学生的认知规律。

本书以 Android 市场发布过的多款 App 作为教学案例，详细剖析每个 App 从产品设计、需求设计到技术实现的过程，帮助读者全面了解各类 Android App 的开发难点和要点。本书首先介绍了 Android 项目开发基础知识，然后通过《打地鼠》、《贪啵虎》和《通关夺宝》3 个项目的设计与开发任务，综合介绍了 Android 技术的应用方法，并附有详细的开发源代码。读者通过本书的学习，将全面、系统地掌握 Android 平台相关开发技术，同时还将深入了解这些技术如何具体应用到企业开发实践中去。

本书可供高职高专计算机应用技术、计算机网络技术、软件工程、物联网等相关专业教学使用，也可供相关工程技术人员参考。

本书由许超担任主编，并对全书进行统稿；赖炜、张晓军担任副主编，邓晨曦参加编写。在本书编写过程中，东君科技公司廖彦高级工程师、熊曼青高级工程师为我们提供了项目资料、企业项目实施文档等，刘欢、江海潮完成部分图表绘制及文档排版，在此对他们表示衷心感谢。

限于编者的水平和经验，书中难免存在不妥之处，恳请读者提出批评和修改意见。

编　者
2018 年 1 月

目　　录

第1章 Android 项目开发基础

1.1 Android 项目实训目标

【实训知识目标】
- 熟练掌握 Java 语法，使用 Java 完成 Android 平台下 App 开发；
- 理解面向对象分析与设计方法；
- 熟悉项目相关 API。

【实训能力目标】
- 掌握面向对象设计工具的使用；
- 熟练掌握 Android 开发工具的使用；
- 了解 Android 平台软件设计基本原则。

【实训素质目标】
- 了解 Android 平台开发规范；
- 掌握 Android 平台软件开发基本流程。

1.2 Android 项目开发技术

1.2.1 Android 基本概念

Android 是一套用于移动设备的软件平台，其中包括操作系统、中间件，以及一些关键应用。Android SDK 基于 Java 开发语言，提供了在 Android 平台上进行应用开发的工具和相应的 API。

1.2.2 Android 体系结构

Android 作为一个移动设备的开发平台，其软件层次结构包括一个操作系统（OS）、中间件（Middle-Ware）和应用程序（Application）。Android 软件框架如图 1-1 所示，其软件层次结构自上而下可以分为：

① 应用程序（Application）；
② 应用程序框架（Application Framework）；
③ 各种类库（Libraries）和 Android 运行环境（Run-time）；
④ 操作系统（OS）。

1.2.3 Android SDK

Android SDK（Software Development Kit）提供了在 Windows/Linux/Mac 平台上开发 Android 应用的开发组件，其中包含了在 Android 平台上开发移动应用的各种工具集。它不仅包括了 Android 模拟器和用于 Eclipse 的 Android 开发插件 ADT，而且包括了各种用来调试、打包和在模拟器上安装应用的工具。

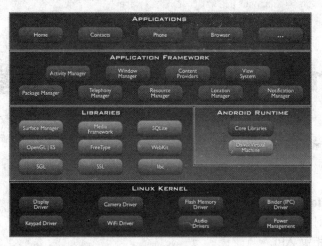

图   1-1

Android SDK 主要是以 java 语言为基础。通过 SDK 提供的一些工具，将其打包成 Android 平台使用的 apk 文件，然后再使用 SDK 中的模拟器（Emulator），来模拟和测试该软件在 Android 平台上运行的情况和效果。

1.3 Android 项目开发工具

1.3.1 Android 开发系统要求

操作系统要求如下：
① Windows 7 or later (32 or 64-bit)；
② Mac OS X 10.4.8 or later (x86 only)；
③ Linux (tested on Linux Ubuntu Dapper Drake)。

1.3.2 安装配置开发环境

1.3.2.1   下载所需的软件包

jdk 下载网址：http://java.sun.com/javase/downloads/index.jsp，页面如图 1-2 所示。

图   1-2

eclipse 下载网址：http://www.eclipse.org/downloads/，页面如图 1-3 所示。

图　1-3

Android SDK 下载网址：http://developer.android.com/sdk/index.html，页面如图 1-4 所示。

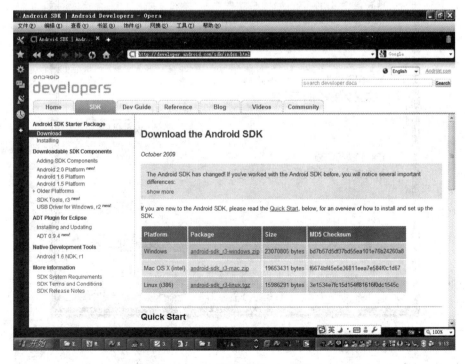

图　1-4

1.3.2.2　安装 Android SDK

Android SDK 同 Eclipse 一样，直接解压就可以使用，将下载后的压缩包解压到文件夹 F:\Android 中，如图 1-5 所示。

图　1-5

将 Android SDK 中的 tools 绝对路径添加到系统 PATH 中。打开"系统属性"，选择"环境变量"，如图 1-6 所示。

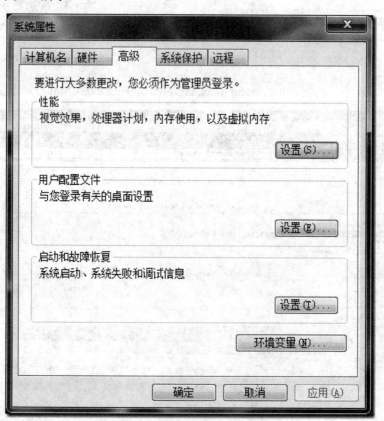

图　1-6

添加环境变量 PATH 值为 SDK 中 tools 的绝对路径，如图 1-7 所示。

图 1-7

单击"确定"后，重新启动计算机。

重启计算机以后，进入 cmd 命令窗口，检查 SDK 是不是安装成功。

运行 android - h，如果显示内容如图 1-8 所示，则表明安装成功。

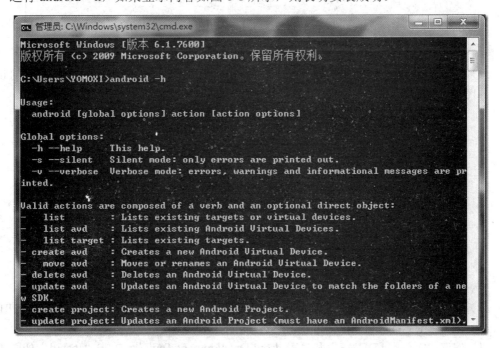

图 1-8

1.3.2.3　安装 ADT

（1）启动 Eclipse，然后单击菜单中的"Help" > "Install New Software"，如图 1-9 所示。

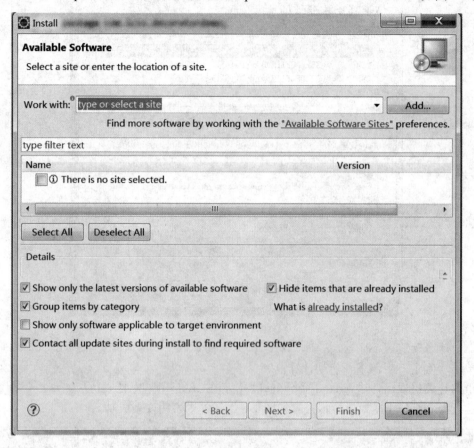

图　1-9

（2）在"Available Software"对话框中，单击"Add..."，弹出 Add Repository 对话框如图 1-10 所示。

图　1-10

（3）在"Name"框中输入 Android Plugin；在"Location"框中输入对应的 URL：https://dl-ssl.google.com/android/eclipse/，然后单击"OK"。

（4）勾选"Android DDMS"和"Android Development Tools"，单击"Install"如图 1-11 所示。

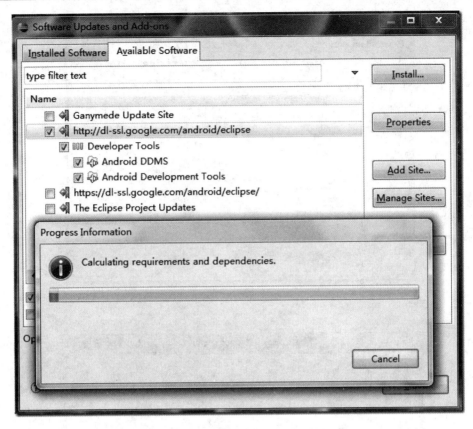

图　1-11

注意 Accept 许可，连续单击"Next"，如图 1-12～图 1-14 所示，直到完成。

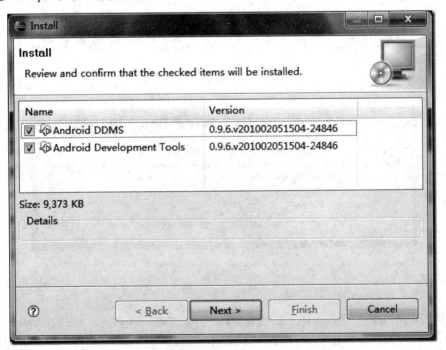

图　1-12

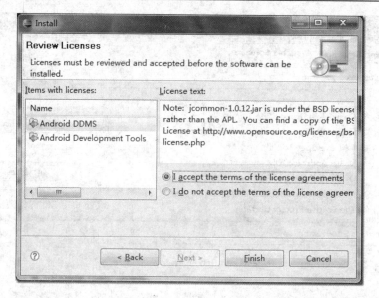

图　1-13

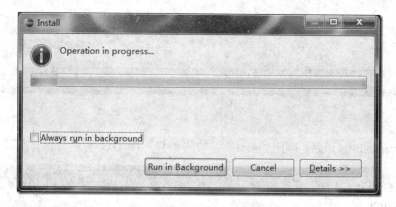

图　1-14

如图 1-15 所示，单击 "Yes"，重启 "Eclipse"，完成安装。

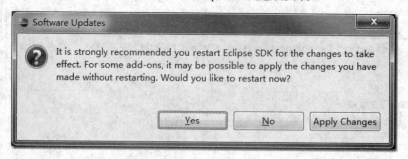

图　1-15

1.3.2.4　设置 SDK

打开 Eclipse IDE，进入菜单中的 "Window" > "Preferences"，打开 "Preferences" 窗口，选中 "Android"，如图 1-16 所示。

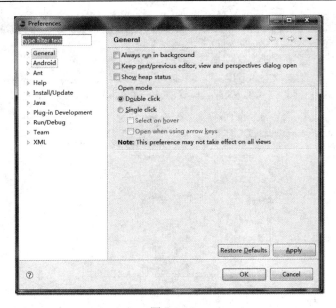

图　1-16

不要管弹出的错误窗口，直接设定"SDK Location"为 SDK 的安装目录，如图 1-17 所示。

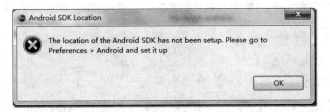

图　1-17

如图 1-18 所示，单击"OK"后，再次打开这个窗口，可以看到 SDK 列表，如图 1-19
所示。

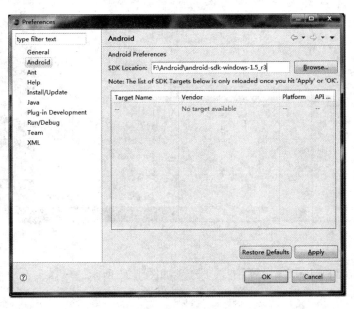

图　1-18

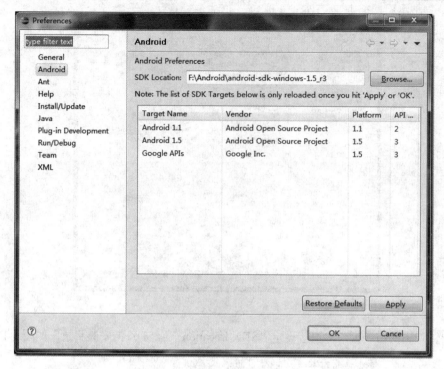

图　1-19

1.3.2.5　验证开发环境

进入 Eclipse IDE 菜单中的"File"→"New"→"Project"，如图 1-20 所示。

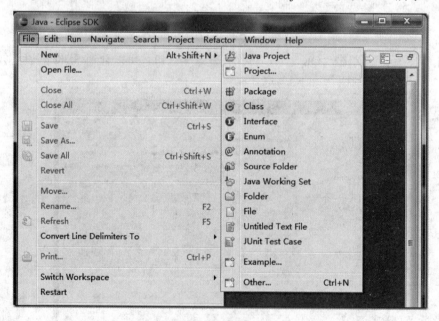

图　1-20

选择"Android Project"，然后进入下一步如图 1-21 所示。

图 1-21

参考图 1-22，完成基本信息的填写。

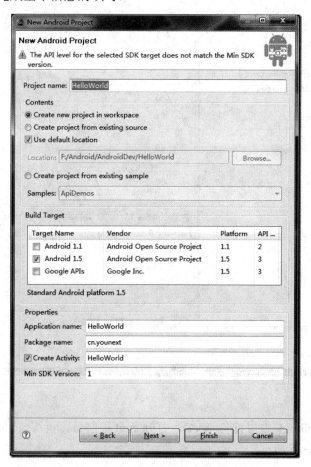

图 1-22

完成创建后，关闭 Eclipse 的 Welcome 窗口，如图 1-23 所示。

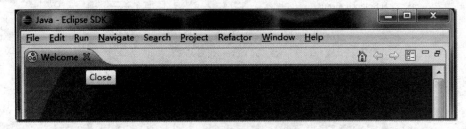

图　1-23

创建的项目如图 1-24 所示。

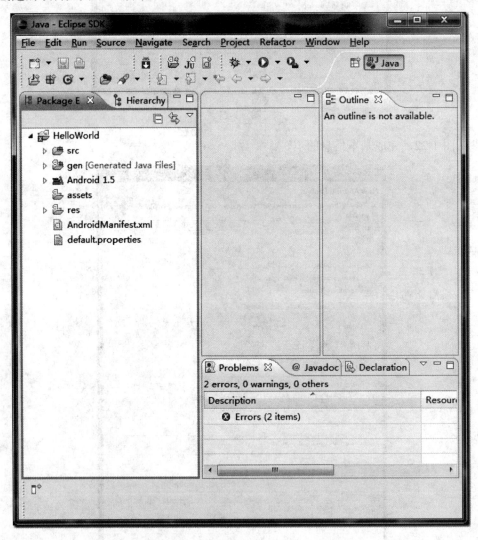

图　1-24

接下来创建 Android 虚拟设备 AVD。打开 cmd 控制台，执行 android list target，查看可用的平台，如图 1-25 所示。

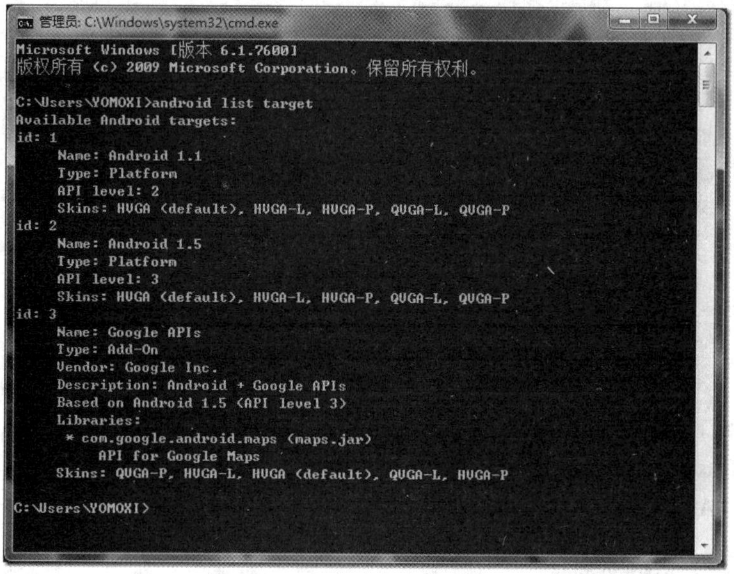

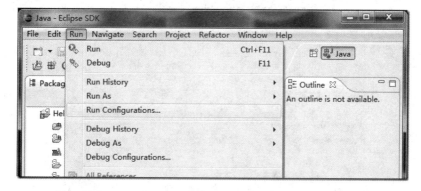

图　1-25

根据 android create avd –name <AVD 名字> –target <id> 格式，创建 AVD，如图 1-26 所示。

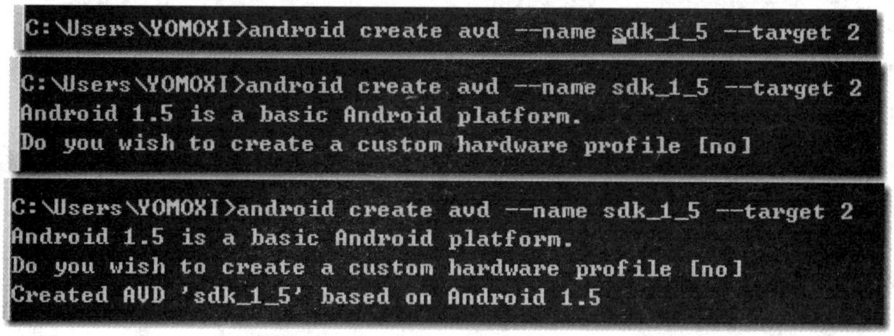

图　1-26

这样就完成了自定义的 Android Virtual Device。

最后，配置"Eclipse"的"Run Configuration"，进入菜单中的"Run">"Run Configurations"，如图 1-27 所示。

图　1-27

双击"Android Application"，创建一个新的配置文件，设置 Name 项，如图 1-28 所示。

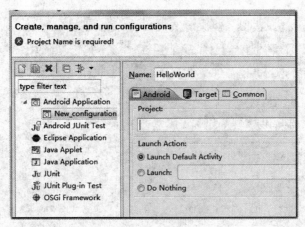

图　1-28

指定右侧"Android"选项卡中"Project"项目，如图 1-29 所示。

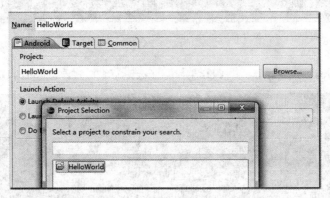

图　1-29

在右侧"Target"选项卡中勾选自己创建的"AVD"，单击"Apply"后，再单击"Run"，如图 1-30 所示。

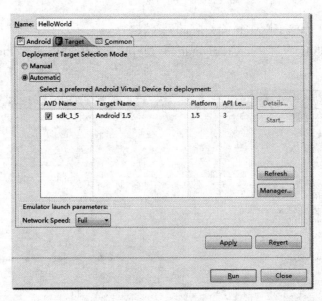

图　1-30

选择启动方式"Android Application"，如图 1-31 所示。

图　1-31

单击"OK"后，正常情况下，应该可以看到图 1-32 所示的模拟器界面。

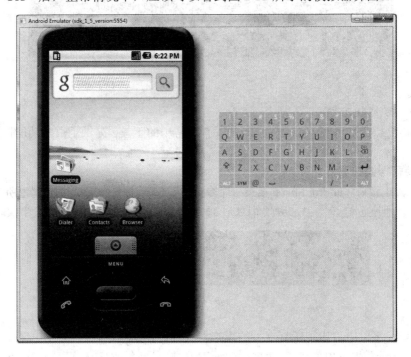

图　1-32

1.3.3　Android 模拟器

1.3.3.1　模拟器的组成

上一节我们已经看到模拟器的全景图，从图 1-32 可以看出模拟器由两部分组成：左边部分模拟手机显示和右边部分模拟手机键盘输入。此外，模拟器手机部分内置了一些系统自带的程序，如打电话、发短信等。

1.3.3.2　使用命令行工具管理模拟器

我们可以使用模拟器管理工具来管理模拟器，SDK 中也提供了一个 Android 的命令行工具（Android-sdk/tools），可以用来创建新项目或是管理模拟器。上节中我们已经创建了一个模拟器，创建的模拟器默认会在 C:\Documents and Settings\Administrator\.android\avd\目录下，可以查找生成对应的.avd。

可以使用命令行工具提供的“android list avd”命令，图 1-33 列出了所有模拟器的操作命令。

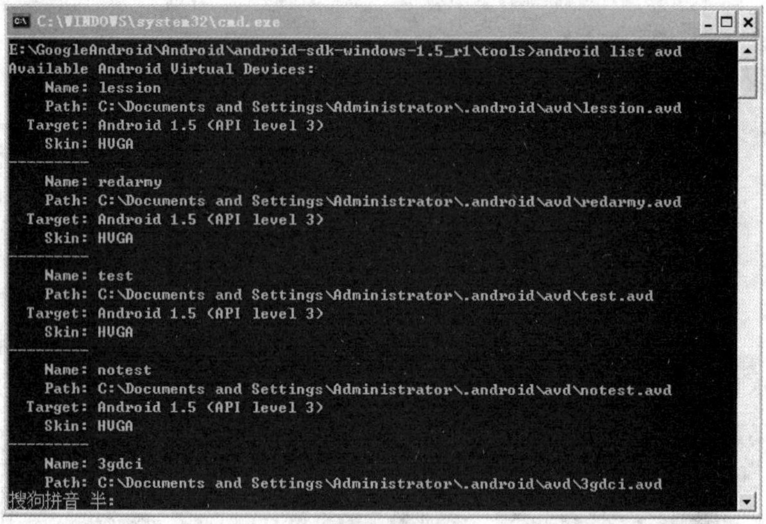

```
C:\WINDOWS\system32\cmd.exe
E:\GoogleAndroid\Android\android-sdk-windows-1.5_r1\tools>android list avd
Available Android Virtual Devices:
    Name: lession
    Path: C:\Documents and Settings\Administrator\.android\avd\lession.avd
  Target: Android 1.5 (API level 3)
    Skin: HVGA
---------
    Name: redarmy
    Path: C:\Documents and Settings\Administrator\.android\avd\redarmy.avd
  Target: Android 1.5 (API level 3)
    Skin: HVGA
---------
    Name: test
    Path: C:\Documents and Settings\Administrator\.android\avd\test.avd
  Target: Android 1.5 (API level 3)
    Skin: HVGA
---------
    Name: notest
    Path: C:\Documents and Settings\Administrator\.android\avd\notest.avd
  Target: Android 1.5 (API level 3)
    Skin: HVGA
---------
    Name: 3gdci
    Path: C:\Documents and Settings\Administrator\.android\avd\3gdci.avd
搜狗拼音 半:
```

图　1-33

1.3.3.3　操作模拟器

Android 模拟器是 Android 应用程序开发者最常用的工具，提供了很多功能，值得我们多做尝试。

1. 切换模拟器布局

在命令行上运行“android list targets”命令后，我们可以看到屏幕上会列出所有支持的模拟器类型。以刚刚创建过的第二种类型（id 2）模拟器为例，列出的信息如图 1-34 所示。

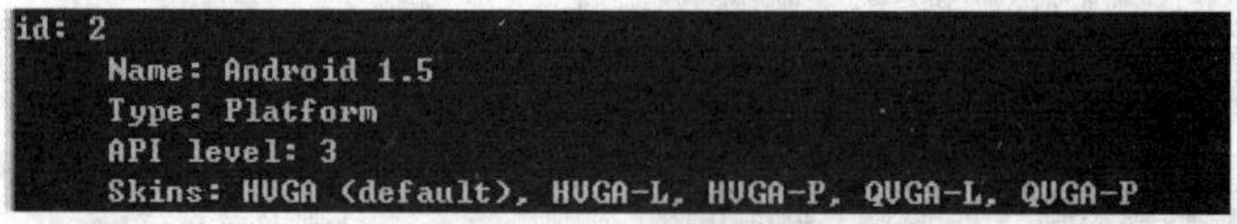

```
id: 2
     Name: Android 1.5
     Type: Platform
     API level: 3
     Skins: HVGA (default), HVGA-L, HVGA-P, QVGA-L, QVGA-P
```

图　1-34

其中 Skins 字段中列出了所有支持的模拟器布局。默认有“HVGA”（分辨率 480×320）与“QVGA”（分辨率 320×240）两种画面配置选项可选择。“HVGA”与“QVGA”又可以各自分为“-L”（landscape 横排）与“-P”（portrait 竖排）。

要创建“QVGA”模式的模拟器，则在“android create avd”命令后，附加上“-skin QVGA”选项即可。如果要将默认的“HVGA 竖排”显示改为横排，则可以通过使用快捷键，直接切换屏幕来实现。

2. 切换屏幕

在 Windows 操作系统上按下“Ctrl”和“F12”键，或是在 Mac OS X 操作系统上，同时按下“fn”和“7”键，Android 模拟器的屏幕就会从默认的直式显示，切换成横式显示。同样也可以切换过来。

1.3.3.4　模拟器与真机的区别

Android 的模拟器功能很强，但是模拟器仍然只是尽量模拟手机，有些功能还是模拟不了的。例如：

◆ 模拟器不支持呼叫和接听实际来电，但可以通过控制台模拟电话呼叫（呼入和呼出）；
◆ 模拟器不支持 USB 连接；
◆ 模拟器不支持相见/视频捕捉；
◆ 模拟器不支持音频输入（捕捉），但支持输出（重放）；
◆ 模拟器不支持扩展耳机；
◆ 模拟器不支持蓝牙；
◆ 模拟器不能确定连接状态；
◆ 模拟器不能确定电池电量水平和充电状态；
◆ 模拟器不能确定 SD 卡的插入/弹出。

1.3.3.5　使用模拟器的注意事项

（1）平时使用模拟器 Emulator 测试开发应用程序时，会遇到计算机提示"系统 C 盘空间不足"之类的信息，这是由于 Android 模拟器运行时生成几个 tmp 后缀的临时文件，其可能占用几 GB 的磁盘空间，可以到 C:\Documents and Settings\用户名\Local Settings\Temp\AndroidEmulator 目录中清理临时文件。

（2）在使用 eclipse 开发工具进行调试时，第一次运行程序启动模拟器的时间比较长，大概需要一分钟。为了解决时间过长的问题，当模拟器启动后，每次运行新的程序时，不需要关闭旧的模拟器，而是直接在 eclipse 开发工具里直接单击运行即可。

1.3.4　创建 Android 工程

通过以上讲解，我们已经创建了使用 Eclipse 来开发 Android 应用程序的集成环境和运行 Android 应用程序的虚拟设备。下面我们就按照具体步骤来创建 Android 应用程序。

1.3.4.1　创建 Hello Android

（1）如图 1-35 所示，启动 Eclipse，选择 File >Project>Android>Android Project，单击 Next。

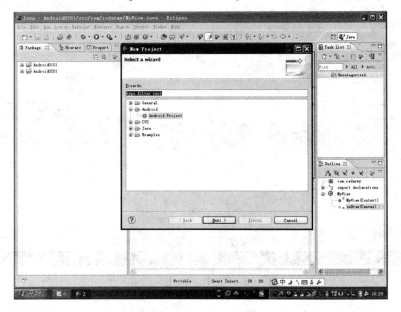

图　1-35

（2）填写项目信息，如图 1-36 所示。

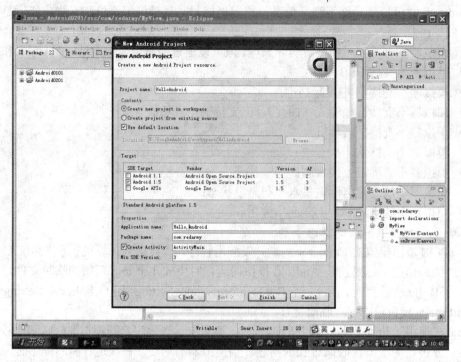

图　1-36

（3）创建 Android 主程序，如图 1-37 所示。

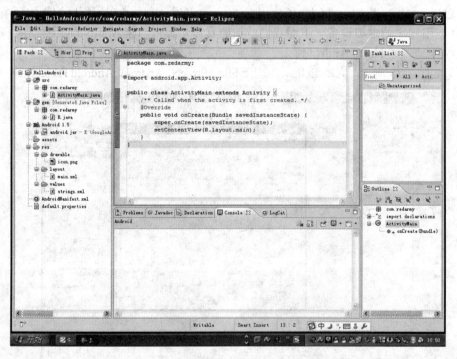

图　1-37

在 Package Explorer 窗口中，选择 src > com.redarmy > ActivityMain.java 文件，编辑代码，

如图 1-38 所示。

```java
package com.redarmy.hello;
import android.app.Activity;
import android.os.Bundle;
import android.widget.TextView;

public class ActivityMain extends Activity {
    /** Called when the activity is first created. */
    @Override
    publicvoid onCreate(Bundle saveInstanceState) {
        super.onCreate(saveInstanceState);
        //setContentView(R.layout.main);
        TextView tv = new  TextView(this);
        tv.setText("helloWorld");
        setContentView(tv);
    }
}
```

图　1-38

在"Run As"窗口中，选择"Android Application"，过一会儿就会出现图 1-39 所示的模拟器窗口。

单击模拟器中的"MENU"键解锁，新创建的程序就完成了，如图 1-40 所示。

图　1-39　　　　　　　　　　　　　　　　　图　1-40

1.3.4.2　Android 项目调试

Android 提供的配套工具很强大，利用 Eclipse 和 Android 基于 Eclipse 的插件，我们可以在 Eclipse 中对 Android 的程序进行断点调试。

1.　设置断点

和对普通的 java 应用设置断点一样，我们通过双击代码，左边的区域可以进行断点设置。

2.　Debug 项目

Debug Android 项目操作和 Debug 普通的 java 项目类似，只是在选择调试项目的时候，选择 Android Application 即可。

3.　断点调试

我们可以进行单步调试，具体的调试方法与普通 java 程序类型。

1.3.4.3　Android 工程目录（图 1-41）

（1）源文件都在 src/目录中，包括活动 java 文件和其他 java 应用程序的所有文件。

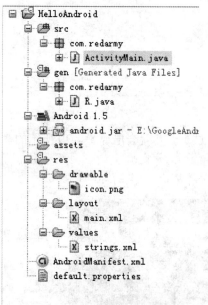

图　1-41

（2）gen/包名/R.java 文件。这个文件是 Eclipse 自动生成的，应用开发者不需要去修改里面的内容，里面内容的修改也是由 Eclipse 自动处理。R 文件对于应用开发者来说基本上没有什么用，但是对 Android 系统非常有用。在这个文件中，Android 对资源进行了全局索引。在下面介绍的 res 文件夹中内容发生任何变化时，R.java 都会重新编译，同步更新。

（3）assets/目录里面主要放置多媒体等一些文件。

（4）res/ 为应用程序资源，如 drawable 文件、布局文件、字符串值等，当其中的资源文件发生变化的时候，R 文件的内容就会自动发生变化。

① drawable：主要放置图片资源；

② layout：主要放置布局文件，都是 xml 文件；

③ values：主要放置字符串（String.xml）、颜色（color.xml）、数组（Arrays.xml）。

（5）androidMainfest.xml 文件相当于应用程序的配置文件。在这个文件里面，必须声明应用的名称，应用程序所用到的 Activity、Service 及 receiver 等。

1.4　Android 项目开发规范

1.4.1　Android 编码规范

（1）java 代码中不可以出现中文，在注释中才可以出现中文。

（2）局部变量命名、静态成员变量命名：只能包含字母；由多个单词组成的，从第二个单词开始，首字母大写，其他字母都为小写。

（3）常量命名：只能包含字母和_，字母全部大写，单词之间用_隔开。

（4）layout 中的 id 命名模式为：view 缩写_模块名称_view 的逻辑名称。

view 的缩写详情如下：

① LayoutView：lv；

② RelativeView:rv；

③ TextView:tv；

④ ImageView:iv；

⑤ ImageButton:im；

⑥ Button:btn。

（5）activity 中的 view 变量命名模式为：逻辑名称+view 缩写。建议：如果 layout 文件很复杂，可以将 layout 分成多个模块，每个模块定义一个 moduleViewHolder，其成员变量包含所属 view。

（6）strings.xml 中的 id 命名模式：activity 名称_功能模块名称_逻辑名称/activity 名称_逻辑名称/common_逻辑名称。在 strings.xml 中，使用 activity 名称注释，将文件内容区分开。

（7）drawable 中的图片命名模式：activity 名称_逻辑名称/common_逻辑名称。

（8）styles.xml：将 layout 中不断重现的 style 提炼出通用的 style 通用组件，放到 styles. xml 中。

（9）使用 layer-list 和 selector。

（10）图片尽量分拆成多个可重用的图片。

（11）服务端可以实现的，就不要放在客户端。

（12）在引用第三方库时要慎重，避免应用大容量的第三方库，导致客户端包非常大。

（13）处理应用全局异常和错误，将错误以邮件的形式发送给服务端。

（14）使用静态变量方式实现界面间共享要慎重。

（15）使用 Log（系统名称、模块名称、接口名称，详细描述）。

（16）尽量使用单元测试（逻辑测试、界面测试）。

（17）不要重用父类的 handler，即使对应一个类的 handler，也不应该用到其子类，否则会导致 message.what 冲突。

（18）activity 在一个 View.OnClickListener 中处理所有的逻辑。

（19）strings.xml 中使用%1$s 实现字符串的通配。

（20）如果多个 Activity 中包含共同的 UI 处理，那么可以提炼一个 CommonActivity，把通用部分交由它来处理，其他 activity 只要继承它即可。

（21）使用 button+activitgroup 实现 tab 效果时，应使用 Button.setSelected(true)，确保按钮处于选择状态，并使 activitygroup 的当前 activity 与该 button 对应。

（22）如果所开发的是通用组件，为了避免冲突，可将 drawable/layout/menu/values 目录下的文件名增加前缀。

（23）数据一定要经过校验，例如字符型转数字型，如果转换失败，则一定要有缺省值，同时判断服务端响应数据是否有效。

（24）同一个客户端如果要放在不同的市场，而且要统计各个市场下载及使用数据时，针对不同的客户端打不同的包，它们唯一的区别是 version Name，其中 apk 文件名为 versionName.apk。在升级时，要将自己的 version Code 和 version Name 一并传给服务端，如果需要升级，则下载 version Name 相对应的 apk。

关于是否要强制升级的规定如下：

① 不管何种情况都强制升级；

② 判断用户的版本和当前最新版本，如果兼容，则强制升级，否则可选；

③ 有的按钮要避免重复单击。

1.4.2　Android 性能优化

（1）http 用 gzip 压缩，设置连接超时时间和响应超时时间。http 请求按照业务需求，分为可以缓存和不可缓存，那么在无网络的环境中，仍然通过缓存的 httpresponse 浏览部分数据，实现离线阅读。

（2）listview 性能优化。

① 复用 convertView。在 getItemView 中，判断 convertView 是否为空，如果不为空，可复用。如果 couvertview 中的 view 需要添加 listerner，则代码一定要在 if(convertView==null){} 之外。

② 异步加载图片。item 中如果包含有 webimage，那么最好异步加载。

③ 快速滑动时不显示图片。当快速滑动列表时（SCROLL_STATE_FLING），item 中的图片或获取需要消耗资源的 view，可以不显示出来；当处于其他两种状态（SCROLL_STATE_IDLE 和 SCROLL_STATE_TOUCH_SCROLL）时，则将那些 view 都显示出来。

④ list 中异步加载的图片，若不在可视范围内，则按照一定的算法及时回收（如在当前可视范围上下 10 条 item 以外的图片进行回收，或者将图片进行缓存，设置一个大小，按照最近最少使用原则，超过部分进行回收）。

⑤ BaseAdapter 避免内存溢出。如果 BaseAdapter 的实体类有属性非常消耗内存，则可以将其保存到文件。为了提高性能，也可以进行缓存，并限制缓存大小。

（3）使用线程池，分为核心线程池和普通线程池，下载图片等耗时任务，应放置在普通线程池，避免耗时任务阻塞线程池后，导致所有异步任务都必须等待。

（4）异步任务，分为核心任务和普通任务，只有核心任务中出现的系统级错误才会报错，异步任务的 ui 操作需要判断原 activity 是否处于激活状态：

① 主线程不要进行网络处理；

② 主线程不要进行数据库处理；

③ 主线程不要进行文件处理。

（5）尽量避免 static 成员变量引用资源耗费过多的实例,比如 Context。

（6）使用 WeakReference 代替强引用，弱引用可以保持对对象的引用，同时允许 GC 在必要时释放对象，回收内存。对于那些创建比较简单但耗费大量内存的对象，即希望保持该对象，又要在应用程序需要时使用，同时希望 GC 必要时回收，则可以考虑使用弱引用。

（7）及时地销毁 bitmap（Activity 的 onDestroy 时将 bitmap 回收，在被 UI 组件使用后，若马上进行回收，则会显示：RuntimeException: Canvas: trying to use a recycled bitmap android.graphics.Bitmap）。

① 设置一定的采样率（开发者提供的图片无需进行采样，对于用户上传或第三方的大小不可控图片，可进行采样，减少图片所占的内存），从服务端返回图片，建议同时反馈图片的 size（尺寸）。

② 巧妙运用软件引用：drawable 对应 resid 的资源，bitmap 对应其他资源。

③ 任何类型的图片，如果获取不到（例如文件不存在，或者读取文件时发生 OutOfMemory 异常），应该有对应的默认图片（默认图片放在 apk 中，通过 resid 获取）。

（8）保证 Cursor 占用的内存被及时释放掉，而不是等待 GC 来处理，并且 Android 倾向于编程者手动将 Cursor 处理掉。

（9）线程也是造成内存泄露的一个重要源头。线程产生内存泄露的主要原因在于线程生命周期的不可控。

（10）如果 ImageView 的图片是来自网络，则进行异步加载。

（11）应用开发中自定义 View 的时候，交互部分千万不要写成线程不断刷新界面显示，而是根据 TouchListener 事件主动触发界面的更新。

（12）Drawable。ui 组件需要用到的图片是 apk 包自带的，一律用 setImageResource 或者 setBackgroundResource，而 不 要 根 据 resourceid 选 用。注 意：get[getResources(), R.drawable.btn_achievement_normal]方法，通过 resid 转换为 drawable，需要考虑回收的问题，如果 drawable 是对私有对象，则在对象销毁前时，肯定不会释放内存的。

（13）复用、回收 Activity 对象。临时的 activity 应及时完成；主界面设置为 singleTask，一般界面设置为 singleTop。

（14）位置信息。获取用户的地理位置信息时，在需要获取数据的时候打开 GPS，之后及时关闭掉。

（15）在 onResume 时设置该界面的电源管理，在 onPause 时取消设置 。

1.4.3　Android UI 优化

（1）layout 组件化，尽量使用 merge 及 include 复用。

（2）使用 styles 复用样式定义。

（3）软键盘的弹出控制，不要让其覆盖输入框。

（4）数字、字母和汉字混排占位问题：将数字和字母全角化。由于现在大多数情况下字符的输入都是半角，所以字母和数字的占位无法确定，但是一旦全角化之后，数字、字母的占位就和一个汉字的占位相同了，这样就可以避免由于占位导致的排版问题。

（5）英文文档排版：textview 自动换行时，要保持单词的完整性，其解决方案是计算字符串长度，然后手动设定每一行显示多少个字母，并加上 '\n '。

（6）复杂布局使用 RelativeLayout。

（7）自适应屏幕，使用 dp 替代 pix。

（8）使用 android:layout_weight 或者 TableLayout 制作等分布局。

（9）使用 animation-list 制作动画效果。

第2章 《打地鼠》游戏项目设计与开发

2.1 项目描述

模拟传统休闲游戏《打地鼠》，实现一个基于 Android 平台的《打地鼠》手机小游戏，如图 2-1 所示。

图　2-1

2.2 项目目标

① 游戏开始后，在界面上显示 12 个洞。

② 每隔 2 秒，在 12 个洞中随机出现一些脑袋，再过 1 秒后，脑袋消失；玩家用手指单击出现的地鼠脑袋，如果打中，则增加玩家的 HP。

③ 玩家每次打击都要消耗 HP，若 HP 消耗完毕，则游戏结束。

2.3 项目实施

2.3.1 环境准备

首先建立一个 Android 项目，如图 2-2 所示。

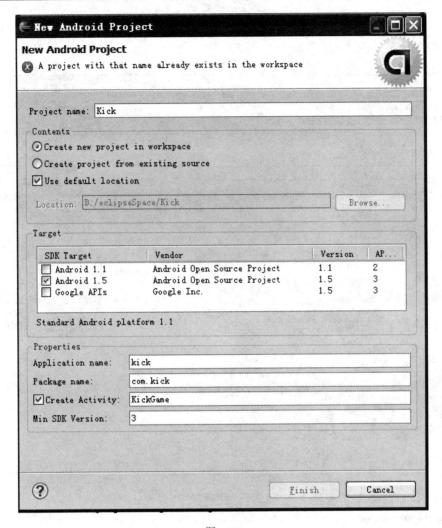

图　2-2

填写完成后，单击"Finish"创建项目。

然后，将资源文件拷贝到资源文件夹 drawable 下面，如图 2-3 所示。

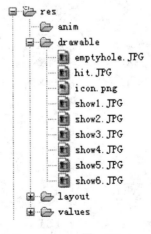

图　2-3

2.3.2 项目框架

本项目的框架如图 2-4 所示。

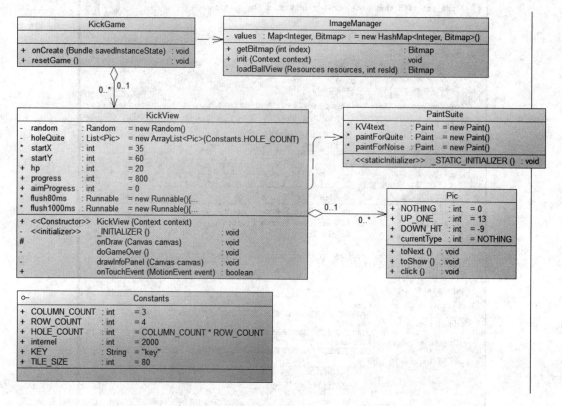

图 2-4

其中，KickGame 类管理整个程序运行，代码如下：

```java
package com.kick;
import android.app.Activity;
import android.os.Bundle;
public class KickGame extends Activity {
    /*************第一步在Activity中设定显示view*****************/
    @Override
    public void onCreate(Bundle savedInstanceState) {
        super.onCreate(savedInstanceState);
        ImageManager.init(this);//初始化图片资源
        resetGame();
    }
    /**
     * 设定显示VIEW
     */
    public void resetGame() {
        setContentView(new KickView(this));
    }
}
```

```
}
```

为了方便管理游戏图片，建立图片加载类 ImageManager，代码如下：

```java
package com.kick;
import java.util.HashMap;
import java.util.Map;
import android.content.Context;
import android.content.res.Resources;
import android.graphics.Bitmap;
import android.graphics.Canvas;
import android.graphics.drawable.Drawable;
public class ImageManager {
    //定义 map 数组，通过 integer 对象的值作为 bitmap 的索引
    //获得方式 bitmap=values.get(Integer)
    private static Map<Integer,Bitmap> values = new HashMap<Integer,
Bitmap>();
    /**
     * 从 map 数组中获得图片对象
     * @param index 数组下标
     * @return
     */
    public static Bitmap getBitmap(int index){
        return values.get(index);
    }
    /**
     * 加载图片
     * @param context  系统句柄对象（通过图片顺序实现动画效果）
     */
    public static void init(Context context){
    Resources resources = context.getResources();
        values.put(new Integer(13),loadBallView(resources,R.drawable.
show1));
        values.put(new Integer(12), loadBallView(resources,R.drawable.
show2));
        values.put(new Integer(11), loadBallView(resources,R.drawable.
show3));
        values.put(new Integer(10), loadBallView(resources,R.drawable.
show4));
        values.put(new Integer(9), loadBallView(resources,R.drawable.
show5));
        values.put(new Integer(8), loadBallView(resources,R.drawable.
show6));
        values.put(new Integer(7), loadBallView(resources,R.drawable.
```

```java
show6));
    values.put(new Integer(6), loadBallView(resources,R.drawable.
show6));
    values.put(new Integer(5), loadBallView(resources,R.drawable.
show5));
    values.put(new Integer(4), loadBallView(resources,R.drawable.
show4));
    values.put(new Integer(3), loadBallView(resources,R.drawable.
show3));
    values.put(new Integer(2), loadBallView(resources,R.drawable.
show2));
    values.put(new Integer(1), loadBallView(resources,R.drawable.
show1));
    values.put(new Integer(0)
        , loadBallView(resources,R.drawable.emptyhole));
    values.put(new Integer(-9), loadBallView(resources,R.drawable.
hit));
    values.put(new Integer(-8), loadBallView(resources,R.drawable.
hit));
    values.put(new Integer(-7), loadBallView(resources,R.drawable.
hit));
    values.put(new Integer(-6), loadBallView(resources,R.drawable.
hit));
    values.put(new Integer(-5), loadBallView(resources,R.drawable.
show5));
    values.put(new Integer(-4), loadBallView(resources,R.drawable.
show4));
    values.put(new Integer(-3), loadBallView(resources,R.drawable.
show3));
    values.put(new Integer(-2), loadBallView(resources,R.drawable.
show2));
    values.put(new Integer(-1), loadBallView(resources,R.drawable.
show1));
    }
    /**
     * 从资源文件中加载图片
     * @param resources 存储位置
     * @param resId    存储 ID
     * @return
     */
    private static Bitmap loadBallView(Resources resources,int resId) {
        Drawable image = resources.getDrawable(resId);
```

```
    Bitmap bitmap = Bitmap.createBitmap(80,80, Bitmap.Config.
ARGB_8888);
    Canvas canvas = new Canvas(bitmap);
    image.setBounds(0, 0, 80,80);
    image.draw(canvas);
    return bitmap;
  }
}
```

完成游戏相关的参数设置后，将其保存在数据类 Constants 中，便于以后修改，代码如下：

```
package com.kick;
public interface Constants {
int COLUMN_COUNT = 3;                              //列数
  int ROW_COUNT = 4;                               //行数
  int HOLE_COUNT = COLUMN_COUNT * ROW_COUNT;       //所有的块数
  int internel = 2000;
  String KEY = "key";                              //定义字段
  int TILE_SIZE = 80;                              //元素块大小
}
```

为了方便绘图，提高代码重用，应建立画笔工具类 PaintSuite，代码如下：

```
package com.kick;
import android.graphics.Color;
import android.graphics.Paint;
public class PaintSuite {
static Paint KV4text = new Paint();                //构造画笔对象
  static Paint paintForQuite = new Paint();         //构造画笔对象
  static Paint paintForNoise = new Paint();         //构造画笔对象
  static {
    paintForQuite.setColor(Color.BLUE);             //设置画笔颜色
    paintForNoise.setColor(Color.RED);              //设置画笔颜色
    KV4text.setColor(Color.BLUE);                   //设置画笔颜色
    KV4text.setTextSize(22);                        //设置画笔字体大小
  }
}
```

2.3.3　游戏逻辑

本游戏的逻辑相对比较简单，可以统一放在游戏逻辑类 Pic 中进行管理，代码如下：

```
package com.kick;
public class Pic {
  public static final int NOTHING = 0;      //不显示
  public static final int UP_ONE = 13;      //地鼠上升
  public static final int DOWN_HIT = -9;    //地鼠被击中
  int currentType = NOTHING;                //默认状态为不显示
```

```java
/**
 * 打地鼠逻辑
 */
public void toNext(){
    if(currentType > 0){
        currentType --;
        if(currentType == NOTHING){
            KickView.self.hp --;        //没有打中，血量就-1
        }
    }
    else if(currentType < 0){
        currentType ++;
    }
}
/**
 * 显示逻辑
 */
public void toShow() {
    currentType = UP_ONE;
}
/**
 * 被击中逻辑
 */
public void click(){
    if(currentType > NOTHING){
        currentType = DOWN_HIT;
    }
}
}
```

2.3.4　游戏绘图

建立游戏视图 KickView，代码如下：

```java
package com.kick;
import java.util.ArrayList;
import java.util.LinkedList;
import java.util.List;
import java.util.Random;
import android.app.AlertDialog;
import android.content.Context;
import android.content.DialogInterface;
import android.graphics.Bitmap;
import android.graphics.Canvas;
```

```java
import android.graphics.Color;
import android.view.MotionEvent;
import android.view.View;
public class KickView extends View{
    private static Random random = new Random();//随机变量
    public KickView(Context context) {
        super(context);
        self = this;
        KickView.this.postDelayed(flush80ms, 80);
        KickView.this.postDelayed(flush1000ms, 1000);
    }
    /**
     * 加载pic数组   holeQuite
     */
    private List<Pic> holeQuite = new ArrayList<Pic>(Constants.HOLE_
COUNT);
    {
        for(int i=0; i<Constants.HOLE_COUNT; i++){
            holeQuite.add(new Pic());
        }
    }
    //绘制游戏的x,y起始坐标
    int startX = 35;
    int startY = 60;
    //静态对象（可以在底层屏幕类中，调用高层屏幕类的方法和属性构造中写:
self=this)
    static KickView self;
    /*********************第二步绘制游戏*********************/
    @Override
    protected void onDraw(Canvas canvas) {
        super.onDraw(canvas);
        //如果玩家HP值不足或者地鼠已经打完,则结束线程并结束游戏
        if(hp<=0||progress<aimProgress){
            getHandler().removeCallbacks(flush1000ms);
            getHandler().removeCallbacks(flush80ms);
            doGameOver();
            return ;
        }
        //绘制白色背景
        canvas.drawColor(Color.WHITE);
        drawInfoPanel(canvas);
        for(int i=0; i<holeQuite.size(); i++){
```

```
            Pic pic = holeQuite.get(i);
            //获得图像实际所在的行和列
            int y = i / Constants.COLUMN_COUNT;
            int x = i % Constants.COLUMN_COUNT;
                //根据状态值加载图片
                Bitmap  bm = ImageManager.getBitmap(pic.currentType);
                //在相应的行和列处绘图
                canvas.drawBitmap(bm, startX + x*Constants.TILE_SIZE,
                        startY + y*Constants.TILE_SIZE,
                        PaintSuite.paintForQuite);
                pic.toNext();
        }
    }
    /**********************************************************/
    /**
     * 游戏结束逻辑
     */
    private void doGameOver() {
        AlertDialog.Builder  builder  =  new  AlertDialog.Builder
(getContext());//提示框
        builder.setTitle("Game Over");//标题
        builder.setMessage("CLick for new Game");//内容
        builder.setCancelable(false);
        //设置提示框监听
        builder.setNeutralButton("CLick", new
android.content.DialogInterface.OnClickListener() {
            @Override
            public void onClick(DialogInterface dialog, int which) {
                //返回游戏界面
                KickGame kk = (KickGame)getContext();
                kk.resetGame();
            }
        }).show();
    }
```

```java
public int hp = 20;//人物 HP 值
public int progress = 800;//关卡进度
public int aimProgress = 0;
/**
 * 绘制人物 HP 值 和关卡进度
 * @param canvas
 */
private void drawInfoPanel(Canvas canvas){
    canvas.drawText("HP:" + hp, 29, 20, PaintSuite.KV4text);
    canvas.drawText("Prgoress:" + (int)((800-progress)*100/800) +
"%", 29, 50, PaintSuite.KV4text);
}
```

打脑袋

HP:4

Prgoress:13%

/*********************第三步编写游戏逻辑**************************/
//玩家的线程

```java
Runnable flush80ms = new Runnable(){
    public void run(){
        KickView.this.invalidate();//重绘图像
        KickView.this.postDelayed(this, 100);//响应 UI 线程
    }
};
```

//地鼠的线程

```java
Runnable flush1000ms = new Runnable(){
    public void run(){
        LinkedList<Pic> temp = new LinkedList<Pic>();
        //获取所有没有老鼠的位置
        for(Pic each : holeQuite){
            if(each.currentType == Pic.NOTHING){
                temp.add(each);
            }
        }
        int size = temp.size();
        if(size == 1){
        temp.poll().toShow();//poll()获取第一个并移除,show()显示老鼠
        KickView.this.invalidate();//重绘图像
        }else if(size > 1){
```
//从未显示 pic 中随机选出一个显示,并且将它从数组中移除(保证数组中都是未显
示 pic)

```java
        for(int i=0; i<random.nextInt(2) + 1; i++){
            temp.remove(random.nextInt(temp.size())).toShow();
        }
        KickView.this.invalidate();//重绘图像
    }
    KickView.this.postDelayed(this, progress + random.nextInt
(500));//响应UI线程
    progress -= 10;
}
};
/********************************************************************
*********/
/**
* 触屏响应
*/
@Override
public boolean onTouchEvent(MotionEvent event) {
    if(event.getAction() != MotionEvent.ACTION_UP){//状态不为"抬
起"的时候返回 true
        return true;
    }

    //触点的 x,y 坐标
    float x = event.getX();
    float y = event.getY();

    //得到相对于游戏操作界面的坐标
    float offsetIndexX = x - startX;
    float offsetIndexY = y -startY;
    //计算出触点所在的行和列
    int indexX = (int)offsetIndexX / 80;
    int indexY = (int)offsetIndexY / 80;
    //如果没有击中老鼠
    if(indexX>=3 || indexX <0 || indexY>=4|| indexY<0){
        return true;
    }
    //检测触点
    holeQuite.get(indexY* 3 + indexX).click();
    return true;

}
}
```

2.3.5 游戏截图

游戏进行过程的截图如图 2-5 所示。

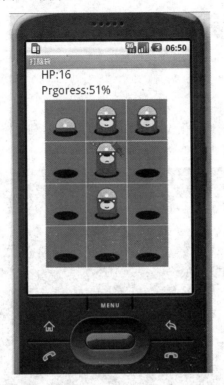

图 2-5

第3章 《贪啵虎》游戏项目设计与开发

3.1 项目描述

该游戏的灵感来源于诸如《下100层》类型的游戏，利用按键控制人物躲避危险物品，到达目的地。其界面如图 3-1 所示。

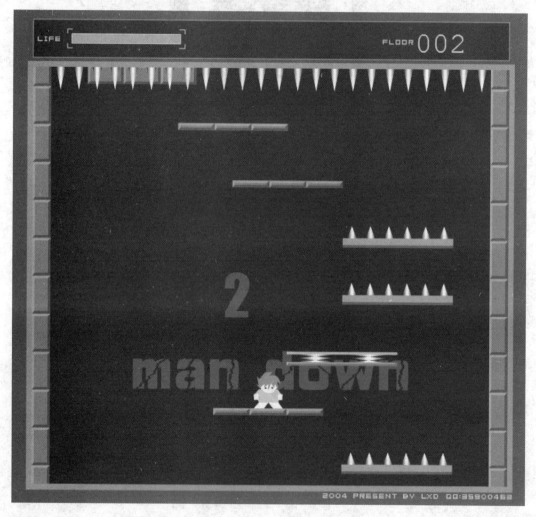

图 3-1

3.2 项目目标

在《贪啵虎》游戏中，通过诸如定时、无敌等道具、怪物，创造全新的游戏机制，充分利用了各种具有不同运动类型的挡板。为了通过关卡，玩家不但要吃道具，还要结合移动的挡板，把握好时机去吃。因为某些道具是有时间限制的，且不会再次出现。因此，玩家为了获得更大的游戏空间，不是一味地乱跳，而是去抓住最好的时机进行操作，使得《贪啵虎》游戏具有更强的可玩性与娱乐性。

3.3 项目实施

3.3.1 游戏构思

3.3.1.1 游戏的整体框架

该游戏共分为 9 个类，如图 3-2 所示。

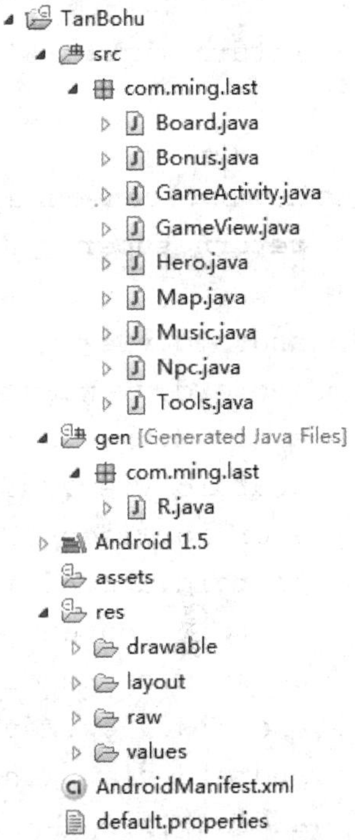

结合图 3-2 可以清楚地看到，游戏共分为 9 个类。游戏中，所有的绘图与逻辑全部由继承了 SurfaceView 类的 GameView 类完成。这个类相当于游戏总管，除 GameActivity 类之外的所有类都由它来管理。而 GameActivity 类继承自 Activity，负责将 GameView 在当前的窗口中显示出来。

① Map 类储存游戏中的地图及其他一些相关的数据，供其他类调用。

② Music 类负责控制游戏中音乐的播放。

③ Npc 类负责生成游戏中的 Npc。

④ Bouns 类负责生成游戏的道具。

⑤ Board 类负责生成游戏中的挡板。

⑥ Hero 类用于管理主人公。

⑦ Tools 类封装一些常用的方法，供其他类使用，以避免重复编写代码。

图 3-2

3.3.1.2 游戏要使用到的 API

游戏中的背景，主人公与挡板分别有三种样式。用 Random 类的 nextInt() 方法生成随机数，使得每一关都随机生成一张背景、一个主人公和一种挡板。具体代码如下：

```
java.util.Random;
public void createRand() {
    tmph = Math.abs(rand.nextInt())%3;
    tmpb = Math.abs(rand.nextInt())%3;
    tmpT = Math.abs(rand.nextInt())%3;
}

    android.content.Context;
    android.content.SharedPreferences;
    android.os.SystemClock;
    android.view.KeyEvent;
```

KeyEvent 类处理按键要用到以下代码：

```
public boolean onKeyDown(int keyCode, KeyEvent event) {
    if(keyCode == KeyEvent.KEYCODE_BACK ){
        con ++;
        if(con <= 1) {
```

```
            Toast.makeText(context, "再次按下退出", 0).show();
            isExit = true;
        }
    }
    return super.onKeyDown(keyCode, event);
}
@Override
public boolean onKeyUp(int keyCode, KeyEvent event) {
    return super.onKeyUp(keyCode, event);
}
    android.view.MotionEvent;
    android.view.SurfaceHolder;
    android.view.SurfaceView;
    android.view.SurfaceHolder.Callback;
    android.widget.Toast;
    android.app.Activity;
    android.content.pm.ActivityInfo;
    android.os.Bundle;
    android.view.KeyEvent;
    android.view.Window;
    android.view.WindowManager;
    android.content.res.Resources;
    android.graphics.Bitmap;
    android.graphics.BitmapFactory;
```

"位图工厂"这个类提供了很多能得到 Bitmap 的方法，这里只用到其中的一种：BitmapFactory.decodeResource(res, id); 来返回 Bitmap。

因为在游戏中会加载很多的图片资源，因此在 Tools 类中定义如下方法，用以返回 Bitmap 对象。

```
public Bitmap createBmp(int id){
Bitmap bmp = null;
    Resources res = null;
    res = ct.getResources();
    bmp = BitmapFactory.decodeResource(res, id);
    return bmp;
}
    android.graphics.Canvas;
    android.graphics.Color;
    android.graphics.Paint;
    android.graphics.Rect;
    Rect r = new Rect(int left ,int top,int right ,int bottom );
```

得到的矩形对象，在游戏中主要用来实现触屏时检测是否触到屏幕的某一区域。Rect 类中有如下方法，用来检测某点是否在某矩形区域中。

```
public Rect touchRect(int x,int y,int w,int h) {
    return new Rect(x,y,x+w,y+h);
}
```

Tools 类中定义如下方法，用以检测触点是否在某一矩形内。

```
public boolean checkRectTouch(int x,int y,Rect r){
    if(r.contains(x, y)){
        return true;
    }
    return false;
}

android.graphics.Region;
android.media.MediaPlayer;
```

3.3.2 游戏绘图

3.3.2.1 游戏 logo 的绘制

```
public void drawLogo(Canvas c){
    c.drawColor(Color.WHITE);
    c.drawBitmap(bmp_logo[logo_index], (scr_w-240)>>1, (scr_h-320)
    >>1, p);
}
```

首先看方法体的第一句：c.drawColor(Color.WHITE);这句的作用是用白色来填充整个屏幕，也就是所谓的清屏。假如不进行这个操作，那么游戏每循环一次就会在屏幕上留下上次所绘制的图形，尤其是在图片发生位移时，这种现象会特别明显。如果在移动某张图片时发现每次移动都会在图片的后面留下残影，就是由于没有清屏导致的。这是我们不希望见到的，所以加上这句十分必要。

再来看第二句：c.drawBitmap(bmp_logo[logo_index], (scr_w-240)>>1, (scr_h-320)>>1, p);这句的作用是将图片 bmp_logo[logo_index]绘制到屏幕的(scr_w-240)>>1,(scr_h-320)>>1 这个位置。先来看 bmp_logo[logo_index]，很明显这是个图片数组。这样写的好处是：假如我们有多于一张的 logo，那么我们只要在逻辑中控制 logo_index 的数值，就可以以我们规定的时间来播放几张 logo 图片，很方便。

再来看(scr_w-240)>>1,(scr_h-320)>>1，这样的写法是将我们欲绘制的图片绘制在屏幕的正中位置，如图 3-3 所示。

图   3-3

"<<" 是左移位运算符，向左移一位相当于乘以 2；">>" 是右移运算符，向右移 1 位相当于除以 2。这样写，做乘法或除法是相当高效的。

3.3.2.2 游戏菜单的绘制

```
public void drawMenu(Canvas c){
    c.drawBitmap(imgmenubk, 0 + 120, 0, p);
    Tools.setClip(c,53 + 120, 260, 42, 17);
    c.drawBitmap(imgMenuZhuanlun, 53 + 120, 260 - menuZhuanlunY*17, p);
    Tools.resetClip(c);
    c.drawBitmap(imgMenuBg, 93 + 120, 256, p);
    Tools.setClip(c,103 + 120, 262, 62, 16);
    c.drawBitmap(imgMenuChoose, 103 + 120, 262 - menuPointY, p);
    Tools.resetClip(c);
    c.drawBitmap(imgMenuTiger, 30 + 120, 235, p);
    drawButton(c);
    drawSoft(c,"确定","");
}
```

绘制的游戏菜单页面如图 3-4 所示。这个绘制方法基本上与绘制 logo 的方法是相同的，唯一需要说明的是：Tools.setClip(c,53 + 120, 260, 42, 17);与 Tools.resetClip(c);这两个方法。通过下面的代码，先来看在 Tools 中是如何定义的。

```
public static void setClip(Canvas c,int x,int y,int width,int height) {
    c.save();
    c.clipRect(x, y, x+width, y+height,Region.Op.REPLACE);
}
public static void resetClip(Canvas c) {
    c.restore();
}
```

① setClip();是用来设定剪裁区的。c.save();这句的用处是记录原来 Canvas 的状态。c.clipRect(x, y, x+width, y+height,Region.Op.REPLACE);这句是对图片的裁剪，需要注意的是后两个参数，如果是从 j2me 转到 Android，开始的时候容易混淆。

对此类参数可以这样助记，前两个参数是左上点坐标，后两个参数是右下点坐标。

② resetClip();是用来恢复剪裁区的。里面只有一句 c.restore();恢复 Canvas 的状态。需要记住的是 save()与 restore()必须是成对出现的，也就是说，每次设定剪裁区后，都要进行恢复。

图 3-4

3.3.2.3　游戏背景的绘制

```
Tools.setClip(g, 120, 0, 240, 320);
g.drawBitmap(imgGameBg, 0-tmpb*360+Tools.offx, Tools.offy, p);
Tools.resetClip(g);
```

由于背景为整张图片，所以绘制起来也比较简单。需要说明的是 tmpb*360。这里的 tmpb 是我们创建产生的[0,2]的随机数，用来随机生成图片的样式。因为每张图片的宽度为 360，所以减去 tmpb*360，正好是一张图片的宽度。

Tools.offx 与 Tools.offy 分别为 x 轴与 y 轴的偏移量。因为该游戏横向是 360 像素，纵向是 640 像素，而显示区域为 240×320，这样涉及摄像机算法，通俗一点讲，也就是屏幕随着 Hero 的移动进行相应的滚动。Tools 中的代码如下：

```
public static void setCamera(Hero hero){
    offy = -(hero.hero_y - ((screenH/5)*3));
    if(offy <= -screenH){
        offy = -screenH;
    }
    if(offy > 0){
        offy = 0;
    }
    offx = 120 - (hero.hero_x - (screenW>>1));
    if(offx <= 0){
        offx = 0;
    }
    if(offx > 120){
        offx = 120;
    }
}
```

首先来看方法中第一句，这句话的作用是，当 Hero 的 y 坐标大于屏幕的 3/5 时，则开始滚动屏幕中所有的元素。这里要注意 offy 的取值范围是在[0,−320]以内，这个−320 是怎么得出的呢？是用图片的高度减去可视范围的高度，也就是 320−640。offx 的取值同理可得。

3.3.2.4　游戏元素块的绘制

因为所有的元素块均为对象，可以分别调用它们的方法进行绘制，代码如下：

```
public static void drawAllBoard(Canvas c,Board[] allb,Paint p){
    for (int i = 0; i < allb.length; i++) {
        if((allb[i].bx + Tools.offx + allb[i].addx) > 120
            && allb[i].bx + Tools.offx < 360
            && (allb[i].by + Tools.offy) < 330
            && (allb[i].by + Tools.offy + 15) > -10){
            if(allb[i].style == 2){
                Tools.setClip(c,allb[i].bx+Tools.offx
                    , allb[i].by + Tools.offy, allb[i].addx, 14);
                c.drawBitmap(GameView.imggameBoard,allb[i].bxC+Tools.offx
                    , allb[i].by + Tools.offy - GameView.tmpT*20, p);
```

```
                    Tools.resetClip(c);

             }
        else if(allb[i].style == 3){
          Tools.setClip(c,allb[i].bx+Tools.offx, allb[i].by + Tools.offy
               , allb[i].addx, 14);
          c.drawBitmap(GameView.imggameBoard, allb[i].bxR+Tools.offx
               , allb[i].by + Tools.offy - GameView.tmpT*20, p);
            Tools.resetClip(c);
        }
        else{
          Tools.setClip(c,allb[i].bx+Tools.offx, allb[i].by + Tools.offy
               , allb[i].addx, 14);
          c.drawBitmap(GameView.imggameBoard, allb[i].bx+Tools.offx
               , allb[i].by + Tools.offy - GameView.tmpT*20, p);
               Tools.resetClip(c);
        }
        if(allb[i].style == 4 && allb[i].speed == 3){
            Tools.setClip(c,allb[i].bx + 120+Tools.offx
                  , allb[i].by + Tools.offy, allb[i].addx, 14);
            c.drawBitmap(GameView.imggameBoard, allb[i].bx + 120+
Tools.offx
                  , allb[i].by + Tools.offy - GameView.tmpT*20, p);
            Tools.resetClip(c);
            Tools.setClip(c,allb[i].bx + 240+Tools.offx
                  , allb[i].by + Tools.offy, allb[i].addx, 14);
            c.drawBitmap(GameView.imggameBoard, allb[i].bx + 240+
            Tools.offx
                  , allb[i].by + Tools.offy - GameView.tmpT*20, p);
            Tools.resetClip(c);
        }
      }
    }
  }
}
//遍历本关所有挡板
for (int i = 0; i < allb.length; i++) {
…………………
}
//只绘制在可视区域的挡板
if((allb[i].bx + Tools.offx + allb[i].addx) > 120
             && allb[i].bx + Tools.offx < 360
                  && (allb[i].by + Tools.offy) < 330
                       && (allb[i].by + Tools.offy + 15) > -10){

…………………
```

```
    }
    //根据不同的挡板类型，进行不同的绘制
    if(allb[i].style == 2){
    .........................
    }
    //挡板类构造，代码如下
/**
 *
 * @param x 起始横坐标
 * @param y 起始纵坐标
 * @param s 类型 1 是左边不动，类型 2 是中间不动，类型 3 是右边不动
 * @param bc 最大长度：/x 的最大移动到的位置；/y 的最大移动到的位置
 * @param sp 速度
 * @param add_x 起始长度
 * @param rb 剩余长度：/x 的最小移动到的位置；/y 的最小移动到的位置
 * @param dir 起始方向 1 为伸长，0 为收缩，/0 是左或者上，/1 右或者下
 */
public  Board(int x,int y,int s,int bc,int sp,int add_x,int rb,int dir){
    bx = x;
    by = y;
    oldx = x;
    oldy = y;
    style = s;
    board_max = bc;
    speed = sp;
    board_min = rb;
    isadd = dir;
    addx = add_x;
    bxC = (2*x + add_x - bc)/2;
    bxR = x + add_x - bc;
}
```

绘制完成后的游戏元素块如图 3-5 所示。

图　3-5

3.3.2.5　游戏人物的绘制

```java
public void paint(Canvas c,Paint p) {
    Tools.setClip(c,hero_x+Tools.offx, hero_y + Tools.offy, 32, 32);
    int heroFrame = action[state-1][hero_frame];
    c.drawBitmap(imgHero,hero_x-heroFrame % 6 * 32 + Tools.offx
        ,hero_y-heroFrame / 6 * 32 + Tools.offy-GameView.tmph*64,p);
    Tools.resetClip(c);
    if(isPower) {
        Tools.setClip(c,hero_x - 9+Tools.offx, hero_y + Tools.offy -
9, 50, 50);
        c.drawBitmap(GameView.imgPower,(hero_x - 9) - nextF*50+Tools.offx
                , hero_y + Tools.offy - 9, p);
        Tools.resetClip(c);
    }
}
```

先来解释 action[state-1][hero_frame]。这里要结合 Hero 的各个动作的数组来解释，动作数组如下：

```java
public int[][] action = {
    {11}, //左跳
    {6,7,8,9,10},//左
    {0,1,2,3,4},//右
    {5}, //右跳
};
```

游戏人物排列如图 3-6 所示。

图　3-6

数组中每一个数字对应 Hero 的不同帧，这样只要我们改变数组的下标就会得到 Hero 不同的动作，从而形成连贯的动画。在这之前我们定义 Hero 的有以下 4 种状态：

```java
public static final int STATE_LEFT  = 2;   //左走
public static final int STATE_RIGHT = 3;   //右走
public static final int STATE_JUMPL = 1;   //左跳
```

```
public static final int STATE_JUMPR = 4;  //右跳
```

二维数组 action 的第一维为 Hero 的状态，共分为如上 4 种，所以我们只要在逻辑中改变 state 的值便会得到 Hero 不同状态下的动作，代码如下。

```
/**
 * 左移动
 */
public void moveLeft() {
    state = STATE_LEFT;    //在这里改变 Hero 状态
    if(isJumping) {//如果跳跃
        state = STATE_JUMPL; //在这里改变 Hero 状态
    }
    hero_x -= hero_speed;
    if(hero_x < -4){
        hero_x = -4;
    }

    nextFrame();
}
/**
 * 右移动
 */
public void moveRight() {
    state = STATE_RIGHT;       //在这里改变 Hero 状态
    if(isJumping) {//如果跳跃
        state = STATE_JUMPR; //在这里改变 Hero 状态
    }
    hero_x += hero_speed;
    if(hero_x + 28 > 360){
        hero_x = 360 - 28;
    }
    nextFrame();
}
```

我们只要改变 action 第二维数据 hero_frame 的值，则会得到 Hero 不同状态下某个动作的具体帧，代码如下：

```
public void nextFrame() {
    hero_frame = hero_frame < action[state-1].length-1 ? ++hero_frame:0;
}
```

3.3.2.6　道具的绘制

首先看道具类构造，代码如下：

```
/**
 * 道具构造
 * @param bx 道具 x 坐标
 * @param by 道具 y 坐标
```

```
 * @param bKinds 道具种类
 */
public Bonus(int bx,int by,int bKinds){
    bonusX = bx;
    bonusY = by;
    bonusKind = bKinds;
}
```

道具绘制的代码如下（与绘制挡板的方法一致）：

```
public static void drawAllBonus(Canvas c,Bonus allBonus[],Paint p) {
    for(int i = 0;i < allBonus.length;i++) {
        if((allBonus[i].bonusX + Tools.offx + allBonus[i].BW) > 120
          &&(allBonus[i].bonusX + Tools.offx) < 360
          &&(allBonus[i].bonusY + Tools.offy) < 330
          &&(allBonus[i].bonusY + Tools.offy + allBonus[i].BH) > -10){
            if(allBonus[i].isShow) {
                Tools.setClip(c,allBonus[i].bonusX+Tools.offx
                            , allBonus[i].bonusY + Tools.offy, 12, 12);
                c.drawBitmap(GameView.imgGameDaoju
                 ,allBonus[i].bonusX-allBonus[i].bonusKind*12+Tools.offx
                    , allBonus[i].bonusY+Tools.offy,p);
                Tools.resetClip(c);
            }
        }
    }
}
```

3.3.3 游戏逻辑

3.3.3.1 游戏 logo 的逻辑

本游戏是每秒跑 20 帧，假设我们有 2 张 logo 图片，则每秒过一张，当第 2 张 logo 结束后 state = CHOOSE;进入 CHOOSE 状态。该游戏 logo 的逻辑代码如下：

```
//...
case LOGO:
    time++;
    if(time % 20 == 0 && logo_index == bmp_logo.length-1){
        state = CHOOSE;
        cleanAllPress();
        time = 0;
    }
    if(time % 20 == 0){
        int lastLogo = bmp_logo.length-1;
        logo_index = logo_index >= lastLogo ? lastLogo : ++logo_index;
    }
    break;
```

3.3.3.2　游戏菜单的逻辑

游戏菜单的逻辑代码如下：

```java
public void menuLogic(){
    //菜单的滚动逻辑，在没有滚动完一格的时候，不停止鼠标滚动动作，使滚动继续
    if(isMenuRollUp){
        if(menu_count < 8){
            menuPointY -= 2;
            if(menu_count%3==0){
                menuZhuanlunY --;
                if(menuZhuanlunY < 0){
                    menuZhuanlunY = 2;
                }
            }
            if(menuPointY == 0){
                menuPointY = 96;
            }
            menu_count++;
        } else {
            menu_count = 0;isMenuRollUp = false;}
        }
        if(isMenuRollDown){
            if(menu_count < 8){
                menuPointY += 2;
                if(menu_count%3==0){
                    menuZhuanlunY ++;
                    if(menuZhuanlunY > 2){
                        menuZhuanlunY = 0;
                    }
                }
                if(menuPointY == 112){
                    menuPointY = 16;
                }
                menu_count++;
            } else {
                menu_count=0;
                isMenuRollDown = false;
            }
        }
    }
}
```

游戏的菜单采用滚动式的设计方式，即当我们按下按键后，将 isMenuRollUp 置为 true：

```
if(isMenuRollUp){
    //...
}
```

菜单在一定时间内从上一项滚动到下一项。如从开始游戏滚动到继续游戏，这个动作是在 8 帧内完成的。完成后将 isMenuRollUp 置为 false,将 menu_count 置为 0，代码如下：

```
if(menu_count < 8){
    menuPointY -= 2;
    //...
    } else {
        menu_count = 0;
        isMenuRollUp = false;
    }
}
```

3.3.3.3　游戏背景的逻辑

详见 3.3.2.3 游戏背景的绘制中的介绍。

3.3.3.4　游戏元素块的逻辑

根据不同的元素块类型，可以处理不同的逻辑，代码如下：

```
/**
 * 从中间伸缩
 */
public void changeByCenter(){
    if(isadd==1){
        bx -= speed;
        addx += 2*speed;
        if(addx >= board_max){
            isadd = 0;
        }
    } else {
        bx += speed;
        addx -= 2*speed;
        if(addx <= board_min){
            isadd = 1;
        }
    }
}
/**
 * 从左边伸缩
 */
public void changeByLeft(){
    if(isadd==1){
        addx -= speed;
        if(addx <= board_min){
```

```
            isadd = 0;
        }
    } else {
        addx += speed;
        if(addx >= board_max){
            isadd = 1;
        }
    }
}
/**
 * 从右边伸缩
 */
public void changeByRight(){
    if(isadd==1){
        bx -= speed;
        addx +=speed;
        if(addx >= board_max){
            isadd = 0;
        }
    } else {
        bx += speed;
        addx -= speed;
        if(addx <= board_min){
            isadd = 1;
        }
    }
}
/**
 *左右移动
 */
public void moveLeftAndRight(){
    if(bx >= board_max){
        speed = -speed;
    }
    if(bx <= board_min){
        speed = -speed;
    }
    bx += speed;
}
/**
 * 上下移动
 */
```

```java
public void moveUpAndDown(){
    if(by >= board_max){
        speed = -speed;
    }
    if(by <= board_min){
        speed = -speed;
    }
    by += speed;
}
```

3.3.3.5　游戏人物的逻辑

游戏人物的逻辑代码如下：

```java
/**
 * 左移动
 */
public void moveLeft() {
    state = STATE_LEFT;
    if(isJumping) {
        state = STATE_JUMPL;
    }
    hero_x -= hero_speed;
    if(hero_x < -4){
        hero_x = -4;
    }
    nextFrame();
}
/**
 * 右移动
 */
public void moveRight() {
    state = STATE_RIGHT;
    if(isJumping) {
        state = STATE_JUMPR;
    }
    hero_x += hero_speed;
    if(hero_x + 28 > 360){
        hero_x = 360 - 28;
    }
    nextFrame();
}

public void up() {
    if(!isDown){
```

```java
        if(!isJump&&!isJumping) {
            isJump = true;
            isJumping = true;
        }
    }
}
/**
 * 播放动画
 */
public void nextFrame() {
    hero_frame = hero_frame < action[state-1].length-1 ? ++hero_frame:0;
}
/**
 * 逻辑
 */
public void logic(Board[] allb) {
    if(isJump) {
        jump();
    }
    else{
        down(allb);
    }
    choiceSpeed();
    if(isPause){        //所有挡板与怪物定时 5 秒
        if(++countZ>= 100) {
            isPause = false;
            countZ = 0;
        }
    }
    if(isPower) {       //hero 无敌 5 秒
        if(++countB >= 100) {
            isPower = false;
            countB = 0;
        }
    }
    if(isAddSpeed) {  //hero 加速 8 秒
        if(++countS >= 160) {
            isAddSpeed = false;
            countS = 0;
        }
    }
    if(++nextF > 5){
```

```
        nextF=0;
    }
}
/**
 * 跳跃上升
 */
public void jump() {
    hero_frame = 0;
    if(state == STATE_LEFT) {
        state = STATE_JUMPL;
    }
    if(state == STATE_RIGHT) {
        state = STATE_JUMPR;
    }
    hero_y-= hero_jump_speed;
    hero_jump_speed --;
    if(hero_jump_speed <= 0){
        isJump = false;
    }
}
/**
 * 下降
 */
public void down(Board[] allb){
    isDown = true;
    if(hero_jump_speed < 10){
        hero_jump_speed++;
    }
    hero_y += hero_jump_speed;
    downdistance += hero_jump_speed;
    Tools.checkHeroAndBoard(this, allb);  //检测是否站在了挡板上
    if(isStandBorad){ //如果是，则改变hero状态为非跳跃状态，并修正hero坐标
        hero_y = onBonus - 32;
        isJumping = false;
        hero_jump_speed = 11;
        if(state == STATE_JUMPL) {
            state = STATE_LEFT;
        }
        if(state == STATE_JUMPR) {
            state = STATE_RIGHT;
        }
        isDown = false;
```

```java
    if(!isPower){ //如果不在保护状态下, 并且下降距离超过 300, 则掉一命
        if(downdistance > 300){
            life--;
            countB = 0;
            isPower = true;
        }
    }
    downdistance = 0;
    }
}
/**
 * Hero 速度的判断, 即是否为加速状态
 */
public void choiceSpeed() {
    if(isAddSpeed) {
        hero_speed = hero_addSpeed;
    }else {
        hero_speed = 3;
    }
}
```

3.3.3.6 道具的逻辑

道具的逻辑就是与 Hero 的碰撞检测(矩形碰撞), 根据 Hero 碰到的各类不同道具, 改变相应的变量值, 以实现不同的功能, 代码如下:

```java
public static void withBonusCollision(Hero h,Bonus[] b) {
    for (int i = 0; i < b.length; i++) {
    if(b[i].bonusKind != 4 && b[i].isShow) {
        if ((h.hero_x + h.heroW) < b[i].bonusX
            || (h.hero_y + h.heroH) < b[i].bonusY
            || (b[i].bonusX + b[i].BW) < h.hero_x
            || (b[i].bonusY + b[i].BH) < h.hero_y) {

        }else {
            if(b[i].bonusKind == Bonus.BS_CAP) {
                h.countB = 0;
                h.isPower = true;
                b[i].isShow = false;
            }else if(b[i].bonusKind == Bonus.BS_TIGER) {
                if(Hero.life < 8) {
                    Hero.life++;
                }
                b[i].isShow = false;
            }else if(b[i].bonusKind == Bonus.BS_TIMER){
```

```
                h.countZ = 0;
                h.isPause = true;
                b[i].isShow = false;
            }else if(b[i].bonusKind == Bonus.BS_SPEED) {
                h.countS = 0;
                h.isAddSpeed = true;
                b[i].isShow  = false;
            }
        }
    }
    if(b[i].bonusKind == 4) {
        if(h.isDown) {
            if (b[i].bonusY - (h.hero_y) <= 32
                && b[i].bonusY - (h.hero_y) >= 21) {
                if((b[i].bonusX < (h.hero_x + 30))
                    && ((b[i].bonusX + 12) > (h.hero_x + 12))) {
                    h.isJump = true;
                    h.isJumping = true;
                    h.downdistance = 0;
                    h.hero_jump_speed = 20;
                }
            }
        }
    }
}
```

3.3.4 游戏按键

3.3.4.1 游戏菜单的按键处理

具体的代码如下:

```
case MENU:
    //按下一次要等菜单条滚动完一个所以加上一个 isMenuRoll 变量控制
    if(!isMenuRollUp){
        if(leftPress){
            isMenuRollDown = true;
        }
    }
    if(!isMenuRollDown){
        if(rightPress){
            isMenuRollUp = true;
        }
    }
    //因为不需要做出滚动效果,所以必须确认是否写在按键处理里面
```

```
    if(!isMenuRollUp&&!isMenuRollDown){
        if(okPress) {
            switch (menuPointY) {
            case 16://开始游戏
                startGame();
                break;
            case 32://继续游戏
                conGame();
                break;
            case 48://游戏设置
                cleanAllPress();
                OLD_STATE = MENU;
                state = SET;
                break;
            case 64://游戏帮助
                state = HELP;
                cleanAllPress();
                break;
            case 80://游戏关于
                state = ABOUT;
                cleanAllPress();
                break;
            case 96://退出游戏
                exit();
                break;
            }
        }
    }
    break;
```

3.3.4.2　游戏人物的按键处理

具体代码如下：

```
if(!isGamePause){
    if(leftPress) {
        hero.moveLeft();
    }
    if(rightPress) {
        hero.moveRight();
    }
    if(upPress || okPress) {
        hero.up();
    }
}
```

如果在非暂停状态下，则可以根据不同的按键调用 Hero 类方法，代码如下：

```
if(!isGamePause){
    //...
}
```

3.3.5 项目源代码

3.3.5.1 GameActivity 类

```java
package com.ming.last;
import android.app.Activity;
import android.content.pm.ActivityInfo;
import android.os.Bundle;
import android.view.KeyEvent;
import android.view.Window;
import android.view.WindowManager;
public class GameActivity extends Activity {
    /** Called when the activity is first created. */
    public GameView gv;
    @Override
    public void onCreate(Bundle savedInstanceState) {
        super.onCreate(savedInstanceState);
        setRequestedOrientation(
            ActivityInfo.SCREEN_ORIENTATION_LANDSCAPE);//设置为横屏显示
        requestWindowFeature(Window.FEATURE_NO_TITLE); //设定窗口无标题栏
        getWindow().setFlags( //设置窗口为全屏
                WindowManager.LayoutParams.FLAG_FULLSCREEN,
                WindowManager.LayoutParams.FLAG_FULLSCREEN);
        gv = new GameView(this);
        setContentView(gv);//将 gv 设定为显示窗口
    }
    @Override
    /**
     * 重写父类方法，用于响应按键事件
     */
    public boolean onKeyDown(int keyCode, KeyEvent event) {
        if(keyCode == KeyEvent.KEYCODE_BACK && gv.isExit) {
            gv.exit();
            return super.onKeyDown(keyCode, event);
        }else {
            return gv.onKeyDown(keyCode, event);
        }
    }
}
```

3.3.5.2 GameView 类

GameView 类继承 SurfaceView 类，是实现 Callback,Runnable 的接口，负责控制整个游戏。

其主要代码如下：

```java
package com.ming.last;

import java.util.Random;
import android.content.Context;
import android.content.SharedPreferences;
import android.graphics.*;
import android.os.SystemClock;
import android.view.KeyEvent;
import android.view.MotionEvent;
import android.view.SurfaceHolder;
import android.view.SurfaceView;
import android.view.SurfaceHolder.Callback;
import android.widget.Toast;

public class GameView extends SurfaceView implements Callback,Runnable{
    public Tools tool;
    public Music music;
    public Hero hero;
    public Context context;
    public Bitmap bmp;
    public Bitmap bmp_logo[];
    public Bitmap
imgMenuBg,imgMenuChoose,imgMenuTiger,imgMenuZhuanlun,imgmenubk;//menu 中的图片
    public Bitmap
imgSetKaiguan,imgSetJiantou,imgSetMG,imgSetKuang;//set 中的图片
    public Bitmap imggameinmenu,imggameTlife,imgDeadMenu,imgGameBg;
    public Bitmap imgLoos,imgtiger,imgGameOver,imgGameLogo,imgLogoBk;
    public Bitmap imggameinMenuBg,imggameKuang,imgLoosBk,imggameover;
    public static Bitmap
imggameNpc,imgGameDaoju,imggameDoor,imgPower,imggameBoard;
    public Bitmap bmpPanel,bmpDirBtn1,bmpDirBtn2,bmpJumpBtn;
    ////////////////////////////
    public Thread t;
    public SurfaceHolder sh;

    public Paint p = new Paint();
    public int scr_w; //屏幕宽
```

```java
public int scr_h;  //屏幕高
public long startTime;
public long endTime;
public int rate = 1000 / 20;  //FPS 达到 15 以上
public int FPS;
public boolean isPress;
public int col_x,col_y;
public byte state=0;
public final byte LOGO = 0;
public final byte MENU = 1;
public final byte GAME = 2;
public final byte CHOOSE= 3;
public final byte HELP = 4;
public final byte ABOUT = 5;
public final byte SET = 6;

///////////////////////////////////////
public final byte HERO_DEAD = 8;
public final byte GAME_LOGO = 9;
public final byte GAME_OVER = 10;
public byte OLD_STATE = MENU;
///////////////////////////////////////
public int count;//控制 logo 时间的增量
public int menu_count;//控制 MENU 滚动的增量
public int logoIndex;//logo 图片数组位置
public int menuPointY=16;//菜单指针坐标
public int GamePointY;//游戏指针坐标
public int menuZhuanlunY = 0;//装轮的 Y 坐标
public int setPointX,setPointY,setPointRow;//设置菜单指针
public Random rand = new Random();//随机数
public int index;  //开屏效果索引
public boolean isMenuRollUp;//菜单上滚
public boolean isMenuRollDown;//菜单下滚
public boolean isGamePause;//游戏暂停
public boolean isCanChoice;//是否可选下一关
public boolean isDrawLogo;
public Board[] allb = null;//挡板数组
public Npc[] alln = null;//怪物数组
public Bonus[] allBonus = null;//道具数组
public int level;//游戏关卡
public int beginLevel;//开始的关卡
public int levelchoice = 1;//关卡选择
```

```java
public static int game_kz = 0;//开头动画控制
public static int game_sdx;//显示大小
public boolean isReanData = true;//是否读取数据库

/////////////////按键状态
public boolean leftPress;//按下，左方向
public boolean rightPress;//按下，右方向
public boolean upPress;//按下，上方向
public boolean downPress;//按下，下方向
public boolean left_softPress;//按下，左软键
public boolean right_softPress;//按下，右软键
public boolean okPress;//按下，OK 键
public boolean anyKeyPress;//按下，任意键
public final int BUTTON_OFFX = 55;
public int left_btn_offx;
public int right_btn_offx;
public int up_btn_offx;
public int down_btn_offx;
public int ok_btn_offx;
/////////////////////////////////
///////////临时的生命，关卡，最大关卡
public int lsLife,lsLevel,lsMaxLevel;
public int time = 0;
public int logo_index = 0;
public boolean isRun;
public boolean isExit;
public int exitCon;
public int con;
/////////////////////////////////
//                  1 2 3 4 5 6 7 8 9 10 11 12 13 14 15
public int levelArray[] = {1,0,8,6,14,7,5,3,9,2,4,10,11,13,12};
public int setArray[][] = {
    {234,140,87,20},//{x坐标,y坐标,图宽,图高/2}箭头图
    {160,143,55,13},//{x坐标,y坐标,图宽/2,图高}文字图
    {222,140},//{x坐标,y坐标}选择框图
    {253,140,44,19},//{x坐标,y坐标,图宽/2,图高}开关图
    {37},//{行距}
    {257,193}//关卡
};
public int maxLevel; //可选择的最大关卡
public int point;    //失败菜单指针
public int setCount; //菜单背景播放计数器
```

```java
public static int tmph;        //英雄样式随机
public int tmpb;          //背景样式随机
public static int tmpT;        //挡板样式随机
public int frame;         //hero 死亡帧
public int deadCon;   //控制 hero 死亡帧的播放时间
public int lastlife;//最后的生命数
private boolean isBeginNewLevel;//是否开始新的一关
private int countNextLevel;//控制显示关卡的时间
private int nextPage;
/////////////////////////////////////
public final int CHOOSE_TEXT_SIZE = 20;
public Rect dir_rect[]  = new Rect[2];
public Rect ok,leftSoft,rightSoft,closeMusic,startMusic;
public final int CHOOSE_TEXT_COLOR = Color.WHITE,
              CHOOSE_TEXT_TOUCH_COLOR = Color.YELLOW;
public int choose_color = CHOOSE_TEXT_COLOR;


/////////////////////////////////////
public int touchX,touchY;
///////////////////////

public GameView(Context context) {
    super(context);
    this.context = context;
    tool = new Tools(context);  //构造 Tools 类
    music = new Music(context); //构造 Music 类
    loadImage();               //加载图片资源
    hero = new Hero();         //构造 Hero 类
    p.setAntiAlias(true);      //消除所画图形边缘的锯齿
    t = new Thread(this);      //创建线程
    sh = getHolder();          //获取 Holder
    sh.addCallback(this);      //添加回调
    setFocusable(true);        //添加触摸焦点
}
public void loadImage() {
    imgGameLogo    = tool.createBmp(R.drawable.b_gamelogo);
    imgLogoBk      = tool.createBmp(R.drawable.b_game_logobk);
    imgmenubk      = tool.createBmp(R.drawable.c_menubk);
    imgMenuBg      = tool.createBmp(R.drawable.c_menubg);
    imgMenuChoose  = tool.createBmp(R.drawable.c_menuchoose);
    imgMenuTiger   = tool.createBmp(R.drawable.c_menutiger);
    imgMenuZhuanlun = tool.createBmp(R.drawable.c_menuzhuanlun);
```

```java
    imgSetKaiguan     = tool.createBmp(R.drawable.c_setkaiguan);
    imgSetKuang       = tool.createBmp(R.drawable.c_setkuang);
    imgSetMG          = tool.createBmp(R.drawable.c_setmg);
    imgSetJiantou     = tool.createBmp(R.drawable.c_setjiantou);
    imgGameDaoju      = tool.createBmp(R.drawable.d_gamedaoju);

    bmpPanel          = tool.createBmp(R.drawable.panel);
    bmpDirBtn1        = tool.createBmp(R.drawable.dirbtn1);
    bmpDirBtn2        = tool.createBmp(R.drawable.dirbtn2);
    bmpJumpBtn        = tool.createBmp(R.drawable.jbtn);

    imggameBoard      = tool.createBmp(R.drawable.d_board);
    imggameLife       = tool.createBmp(R.drawable.d_gamelife);
    imggameKuang      = tool.createBmp(R.drawable.d_gamekuang);
    imggameinmenu     = tool.createBmp(R.drawable.d_gameinmenu);
    imggameinMenuBg   = tool.createBmp(R.drawable.d_gameinmenubg);
    imgLoosBk         = tool.createBmp(R.drawable.d_loosbk);
    imgLoos           = tool.createBmp(R.drawable.d_loos);
    imgGameOver       = tool.createBmp(R.drawable.d_gameover);
    imgtiger          = tool.createBmp(R.drawable.d_tiger);
    imgGameBg         = tool.createBmp(R.drawable.d_gamebg);
    imggameDoor       = tool.createBmp(R.drawable.d_gamedoor);
    imggameNpc        = tool.createBmp(R.drawable.d_gamenpc);
    imgPower          = tool.createBmp(R.drawable.d_gameshield);
    imggameover       = tool.createBmp(R.drawable.d_gamehappy);
}
public void createRand() {
    tmph = Math.abs(rand.nextInt())%3;
    tmpb = Math.abs(rand.nextInt())%3;
    tmpT = Math.abs(rand.nextInt())%3;
}
public void init(){
    bmp_logo = new Bitmap[2];
    final int[] bmp_array = {0x7f020000};
    bmp_logo = tool.createBmp(bmp_array, bmp_array.length);
    scr_w = this.getWidth();
    scr_h = this.getHeight();
    //方向键初始化
    dir_rect[0] = touchRect(0,170,60,55);   //left
    dir_rect[1] = touchRect(65,170,60,55);  //right
    /***************************************************************/
    //左右软键初始化
```

```
        leftSoft = touchRect(0, scr_h-30, 60, 30);
        rightSoft = touchRect(scr_w-60, scr_h-30, 60, 30);
        /******************************************************/
        //game 键初始化
        ok = touchRect(400, 190, 64, 64);
    }
    /**
     * 设定矩形触碰框
     * @param x
     * @param y
     * @param w
     * @param h
     * @return  返回矩形
     */
    public Rect touchRect(int x,int y,int w,int h) {
        return new Rect(x,y,x+w,y+h);
    }
    /**
     * 清除 logo 所用图片
     */
    public void clean() {
        if(bmp_logo != null) {
            bmp_logo = null;
        }
    }
    /**
     * 清除前一关所有对象数组
     */
    public void cleanAll(){
        allb = null;
        alln = null;
        allBonus = null;
    }
    /**
     * 重载关卡，初始化每一关的所有数据
     */
    public void initGame(){
        cleanAll();
        createRand();

hero.initHero(imgtiger,Map.hero_array[levelArray[level]][0],Map
.hero_array[levelArray[level]][1],Map.hero_array[levelArray[level]
```

```
][2]);
        allb = new Board[Map.game_map[levelArray[level]].length];
        if(allb.length > 0) {
            for (int i = 0; i < allb.length; i++) {
                allb[i] = new
Board(Map.game_map[levelArray[level]][i][0],Map.game_map[levelArra
y[level]][i][1],

    Map.game_map[levelArray[level]][i][2],Map.game_map[levelArray[l
evel]][i][3],Map.game_map[levelArray[level]][i][4],

    Map.game_map[levelArray[level]][i][5],Map.game_map[levelArray[l
evel]][i][6],Map.game_map[levelArray[level]][i][7]);
            }
        }
        alln = new Npc[Map.npc_array[levelArray[level]].length];
        if(alln.length > 0) {
            for (int i = 0; i < alln.length; i++) {
                alln[i] = new
Npc(Map.npc_array[levelArray[level]][i][0],Map.npc_array[levelArra
y[level]][i][1],

    Map.npc_array[levelArray[level]][i][2],Map.npc_array[levelArray
[level]][i][3],

    Map.npc_array[levelArray[level]][i][4],Map.npc_array[levelArray
[level]][i][5]);
            }
        }
        allBonus = new Bonus[Map.bonus[levelArray[level]].length];
        if(allBonus.length > 0) {
            for (int i = 0; i < allBonus.length; i++) {
                allBonus[i] = new
Bonus(Map.bonus[levelArray[level]][i][0],Map.bonus[levelArray[level]]
[i][1],

                    Map.bonus[levelArray[level]][i][2]);
            }
        }
        index = Math.abs(rand.nextInt())%5;
        lastlife = Hero.life;
    }
    /**
```

```java
 * 开始游戏
 */
public void startGame() {
    level = beginLevel;
    beginLevel = 0;
    Hero.life = 3;
    game_kz = 0;
    isBeginNewLevel = true;
    isReanData = false;
    initGame();
    state = GAME;
    cleanAllPress();
}
/**
 * 继续游戏
 */
public void conGame() {
    if(Hero.life < 0) {
        return;
    }else {
        if(OLD_STATE==MENU&&isReanData){
            restoreStage();
            Hero.life = lsLife;
            level = lsLevel;
            isBeginNewLevel = true;
            initGame();
        }
        state = GAME;
        cleanAllPress();
    }
}
/**
 *
 */
public void cleanAllPress(){
    leftPress = false;
    rightPress = false;
    upPress = false;
    downPress = false;
    left_softPress = false;
    right_softPress = false;
    okPress = false;
```

```
        anyKeyPress = false;
}

/**
 * 检测四个方向键是否被按下
 * @param tx 触点 x
 * @param ty 触点 y
 * @param upOrDown 如果检测按下，则 true；如果检测抬起，则 false
 */
public void checkDirButtonEvent(int tx,int ty,boolean upOrDown) {
    for(int i = 0;i < dir_rect.length;i++) {
        if(tool.checkRectTouch(tx, ty,dir_rect[i])) {
            switch(i) {
            case 0:
                leftPress = upOrDown;
                break;
            case 1:
                rightPress = upOrDown;
                break;
            }
        }
    }
}
@Override
/**
 * 触屏处理
 */
public boolean onTouchEvent(MotionEvent me) {
    int tx = (int)me.getX();
    int ty = (int)me.getY();
    switch(me.getAction()) {
    case MotionEvent.ACTION_DOWN:  //按下处理
    switch(state) {  //根据不同的状态，做不同的处理
        case HELP:
        if(tool.checkRectTouch(tx, ty, leftSoft)) {
            left_softPress = true;
            if(nextPage  == -320) {
                nextPage = 0;
                left_softPress = false;
            }else if(nextPage == 0){
                nextPage = -320;
                left_softPress = false;
```

```
                }
            }
        if(tool.checkRectTouch(tx, ty, rightSoft)) {
                right_softPress = true;
                nextPage = 0;
                state = MENU;
                cleanAllPress();
            }
            break;
    case ABOUT:
        if(tool.checkRectTouch(tx, ty, rightSoft)) {
                right_softPress = true;
            }
            break;
    case SET:
        if(tool.checkRectTouch(tx, ty, dir_rect[0])){
                if(setPointRow==0){
                setPointX --;
                if(setPointX < 0){setPointX = 1;}
            }else{
                levelchoice --;
                if(levelchoice < 1){levelchoice = 1;}
            }
            leftPress = true;
        }
        if(tool.checkRectTouch(tx, ty, dir_rect[1])){
            if(setPointRow==0){
                setPointX ++;
                if(setPointX > 1){setPointX = 0;}
            }else{
                if((levelchoice - 1) < maxLevel){
                    levelchoice++;
                    if(levelchoice > 15){levelchoice = 15;}
                }else{
                    isCanChoice = true;
                }
            }
            rightPress = true;
        }
        if(tool.checkRectTouch(tx, ty, rightSoft)) {
            right_softPress = true;
            levelchoice = 1;
```

```
            state = OLD_STATE;
            cleanAllPress();
        }
    if(OLD_STATE != GAME){
        if(tool.checkRectTouch(tx, ty, leftSoft)) {
        left_softPress = true;
        beginLevel = levelchoice - 1;
            levelchoice = 1;
            state = OLD_STATE;
            cleanAllPress();
        }
    }
        if(tool.checkRectTouch(tx, ty, ok)) {
        okPress = true;
        setPointRow ^= 1;
    }
    break;
case GAME:
    if(!isBeginNewLevel && game_kz == -1) {
        if(tool.checkRectTouch(tx, ty,rightSoft)){
            right_softPress = true;
            isGamePause = !isGamePause;
        }
    }
    if(!isGamePause){
        checkDirButtonEvent(tx,ty,true);
        if(tool.checkRectTouch(tx, ty, ok)) {
            okPress = true;
        }
    }else{
        if(tool.checkRectTouch(tx, ty, dir_rect[0])){
            leftPress = true;
            GamePointY -= 1;
            if(GamePointY < 0){
                GamePointY = 3;
            }
        }
        if(tool.checkRectTouch(tx, ty, dir_rect[1])){
            rightPress = true;
            GamePointY += 1;
            if(GamePointY > 3){
                GamePointY = 0;
```

```
                }
            }
            if(tool.checkRectTouch(tx, ty, ok)){
                okPress = true;
                switch (GamePointY) {
                case 0://继续游戏
                    isGamePause = false;
                    break;
                case 1://声音设置
                    GamePointY = 0;
                    isGamePause = false;
                    OLD_STATE = GAME;
                    state = SET;
                    cleanAllPress();
                    break;
                case 2://重新开始本关
                    GamePointY = 0;
                    isGamePause = false;
                    Hero.life = lastlife;
                    initGame();
                    break;
                case 3://返回菜单
                    GamePointY = 0;
                    state = MENU;
                    OLD_STATE = GAME;
                    isGamePause = false;
                    cleanAllPress();
                    break;
                }
            }
        }
    break;
case MENU:
    checkDirButtonEvent(tx,ty,true);
    if(tool.checkRectTouch(tx, ty,
ok)||tool.checkRectTouch(tx, ty, leftSoft)) {
        okPress = true;
    left_softPress = true;
    }
    break;
case CHOOSE:
    if(tool.checkRectTouch(tx, ty, touchRect(0,
```

```
scr_h-CHOOSE_TEXT_SIZE*2-10, CHOOSE_TEXT_SIZE+10,
CHOOSE_TEXT_SIZE+10))) {
                left_softPress = true;
            }
            if(tool.checkRectTouch(tx,  ty,  touchRect(scr_w  -
CHOOSE_TEXT_SIZE-10, scr_h-CHOOSE_TEXT_SIZE*2-10, CHOOSE_TEXT_SIZE+10,
 CHOOSE_TEXT_SIZE+10))) {
                right_softPress = true;
            }
            break;
        case LOGO:
            if(tool.checkRectTouch(tx, ty, touchRect(0, 0, scr_w,
scr_h))) {
                anyKeyPress = true;
            }
            break;
        case GAME_OVER:
            if(tool.checkRectTouch(tx, ty, rightSoft)) {
                right_softPress = true;
            }
            break;
        case HERO_DEAD:
            if(tool.checkRectTouch(tx, ty, dir_rect[0])) {
                leftPress = true;
                if(--point < 0) {
                    point = 1;
                }
            }
            if(tool.checkRectTouch(tx, ty, dir_rect[1])) {
                rightPress = true;
                if(++point > 1) {
                    point = 0;
                }
            }
            if(tool.checkRectTouch(tx, ty,
ok)||tool.checkRectTouch(tx, ty, leftSoft)) {
                okPress = true;
                left_softPress = true;
                switch (point) {
                case 0:
                    Hero.life = 3;
                    initGame();
```

```
                state = GAME;
                cleanAllPress();
                break;
            case 1:
                state = MENU;
                cleanAllPress();
                break;
            }
        }
        break;
    }
break;

    case MotionEvent.ACTION_UP:  //抬起处理
    switch(state) {
        case HELP:
        if(tool.checkRectTouch(tx, ty, leftSoft)) {
            left_softPress = false;
        }
        break;
    case ABOUT:
        break;
    case SET:
        checkDirButtonEvent(tx, ty, false);
        if(tool.checkRectTouch(tx, ty, ok)) {
            okPress = false;
        }
        if(tool.checkRectTouch(tx, ty,rightSoft)){
            right_softPress = false;
        }
        if(tool.checkRectTouch(tx, ty, leftSoft)) {
            left_softPress = false;
        }
        break;
    case GAME:
        checkDirButtonEvent(tx, ty, false);
        if(tool.checkRectTouch(tx, ty, ok)) {
            okPress = false;
        }
        if(tool.checkRectTouch(tx, ty,rightSoft)){
            right_softPress = false;
        }
```

```
        break;
    case MENU:
        checkDirButtonEvent(tx, ty, false);
        if(tool.checkRectTouch(tx, ty, ok)) {
            okPress = false;
        }
        if(tool.checkRectTouch(tx, ty, leftSoft)) {
            left_softPress = false;
        }
        break;
    }
    break;
case MotionEvent.ACTION_MOVE: //滑动处理
switch (state) {
case GAME:
    checkDirButtonEventMove(tx, ty, false);
    if(!tool.checkRectTouch(tx, ty, ok)) {
        okPress = false;
    }
    if(!tool.checkRectTouch(tx, ty,rightSoft)){
        right_softPress = false;
    }
    if((touchY > ty)&&(touchX > tx)){
        rightPress = true;
        okPress = true;
    }
    break;
 case MENU:
    checkDirButtonEventMove(tx, ty, false);
    if(!tool.checkRectTouch(tx, ty, ok)) {
        okPress = false;
    }
    if(!tool.checkRectTouch(tx, ty, leftSoft)) {
        left_softPress = false;
    }
    break;
 case SET:
    checkDirButtonEventMove(tx, ty, false);
    if(!tool.checkRectTouch(tx, ty, ok)) {
```

```
                okPress = false;
            }
            if(!tool.checkRectTouch(tx, ty,rightSoft)){
                right_softPress = false;
            }
            if(!tool.checkRectTouch(tx, ty, leftSoft)) {
                left_softPress = false;
            }
            break;
            }
        break;
    }
    return true;
}
/**
 * 检测四个方向键是否被按下
 * @param tx 触点 x
 * @param ty 触点 y
 * @param upOrDown 如果检测按下，则 true；如果检测抬起，则 false
 */
public void checkDirButtonEventMove(int tx,int ty,boolean upOrDown)
{
    for(int i = 0;i < dir_rect.length;i++) {
        if(!tool.checkRectTouch(tx, ty,dir_rect[i])) {
            switch(i) {
            case 0:
                leftPress = upOrDown;
                break;
            case 1:
                rightPress = upOrDown;
                break;
            }
        }
    }
}
@Override
/**
 * SurfaceView 发生改变时，系统调用此方法
 */
```

```java
    public void surfaceChanged(SurfaceHolder holder, int format, int width,
            int height) {
    }
    @Override
    /**
     * SurfaceView 创建时，系统调用此方法
     */
    public void surfaceCreated(SurfaceHolder holder) {
        init();
        isRun = true;
        t.start();  //启动线程
    }


    @Override
    /**
     * SurfaceView 销毁时，系统调用此方法
     */
    public void surfaceDestroyed(SurfaceHolder holder) {
        music.stop();
        this.saveStage(Hero.life, level, maxLevel);
        isRun = false;
    }


    @Override
    public boolean onKeyDown(int keyCode, KeyEvent event) {
        if(keyCode == KeyEvent.KEYCODE_BACK ){
            con ++;
            if(con <= 1) {
                Toast.makeText(context, "再次按下退出", 0).show();
                isExit = true;
            }
        }
        return super.onKeyDown(keyCode, event);
    }
    @Override
    public boolean onKeyUp(int keyCode, KeyEvent event) {
        return super.onKeyUp(keyCode, event);
    }
```

```java
public void exit() {
    saveStage(Hero.life, level, maxLevel);
    android.os.Process.killProcess(android.os.Process.myPid());
}
public void logic(){
    if(isExit) {
        if(++exitCon >= 40) {
            isExit = false;
            exitCon = 0;
            con = 0;
        }
    }
    switch(state){
    case LOGO:
        time++;
        if(time % 20 == 0 && logo_index == bmp_logo.length-1)
        {
            state = CHOOSE;
            cleanAllPress();
            time = 0;
        }
        if(time % 20 == 0){
            logo_index = logo_index >= (bmp_logo.length-1) ?
bmp_logo.length-1 : ++logo_index;
        }
        break;
    case MENU:
        buttonLogic();
        menuLogic();
        break;
    case GAME:
        buttonLogic();
        if(!isGamePause){
            gameLogic();
        }
        break;
    case CHOOSE:
        break;
    case SET:
        setLogic();
```

```
            break;
        case HELP:
            break;
        case ABOUT:
            break;
        case HERO_DEAD:
            buttonLogic();
            if(++deadCon>=5) {
                frame = frame < 3 ? ++frame : 0;
                deadCon = 0;
            }
            break;
        }
    }
    /**
     * 游戏逻辑
     */
    public void gameLogic() {
        if(isBeginNewLevel){
            if(++countNextLevel>40){
                countNextLevel=0;
                isBeginNewLevel = false;
            }
        }else{
            Tools.withBonusCollision(hero, allBonus);
            if(!hero.isPause){
                Tools.moveAllBoard(allb);
                Tools.moveAllNpc(alln, allb);
            }
            Tools.checkHeroAndNpc(hero, alln);
            hero.logic(allb);
            Tools.setCamera(hero);
            checkNextLevel(Map.guanqia[levelArray[level]][0],
Map.guanqia[levelArray[level]][1], Map.guanqia[levelArray[level]][2],
 hero);
            if(Hero.life < 0) {
                setPointX = 1;
                state = HERO_DEAD;
                cleanAllPress();
            }
```

```
    }
    if(!leftPress&&!rightPress&&!hero.isJump&&!hero.isJumping){
        hero.hero_frame = 2;
    }
}
/**
 * SET 逻辑
 */
public void setLogic(){
    if(setPointRow == 0) {
        if(setPointX == 0) {music.start();}
        if(setPointX == 1) {music.pause();}
    }
    if(isCanChoice) {
        if(++setCount > 5){
            isCanChoice = false;
            setCount = 0;
        }
    }
}
public void buttonLogic() {
    if(leftPress) {
        left_btn_offx = BUTTON_OFFX;
    }else {
        left_btn_offx = 0;
    }
    if(rightPress) {
        right_btn_offx = BUTTON_OFFX;
    }else {
        right_btn_offx = 0;
    }
    if(okPress) {
        ok_btn_offx = 64;
    }else {
        ok_btn_offx = 0;
    }
}
/**
 * 过关判定
 * @param x
```

```
 * @param y
 * @param x1
 * @param y1
 * @param h
 */
public void checkNextLevel(int x ,int yb , int ys , Hero h){
    if (h.hero_x <= x && (h.hero_x + h.heroW) >= x &&
            (h.hero_y + h.heroH) <= ys && (h.hero_y + h.heroH) >= (ys
        - h.heroH) ) {
        level++;
        if(level <= 14){
            if (level > maxLevel) {
                maxLevel = level;
            }
            game_kz = 0;
            isBeginNewLevel = true;
            initGame();
        }else{
            level--;
            state = GAME_OVER;
            cleanAllPress();
            h.initHero(imgtiger,
Map.hero_array[levelArray[level]][0],
Map.hero_array[levelArray[level]][1],
Map.hero_array[levelArray[level]][2]);
            Hero.life = 3;
            isBeginNewLevel = true;
            game_kz = 0;
        }
    }
}
/**
 * 绘制 logo
 */
public void drawLogo(Canvas c){
    c.drawColor(Color.WHITE);
    c.drawBitmap(bmp_logo[logo_index], (scr_w-240)>>1,
(scr_h-320)>>1, p);
}
```

游戏菜单界面如图 3-7 所示。

图 3-7

```
/**
* 绘制音乐选择界面，如图 3-8 所示
*/

public void drawChoose(Canvas c) {
      c.drawColor(Color.BLACK);
      p.setTextSize(CHOOSE_TEXT_SIZE);
      p.setColor(Color.WHITE);
c.drawText("是否开启音乐", (scr_w >> 1)-CHOOSE_TEXT_SIZE * 3,
 scr_h >> 1, p);
      if(left_softPress) {
          choose_color = CHOOSE_TEXT_TOUCH_COLOR;
      }else {
          choose_color = CHOOSE_TEXT_COLOR;
      }
      p.setColor(choose_color);
      c.drawText("是",10 , scr_h - CHOOSE_TEXT_SIZE - 10,p);
c.drawText("否", scr_w - CHOOSE_TEXT_SIZE - 10, scr_h - CHOOSE_
TEXT_SIZE-10, p);
}
```

图 3-8

```
/**
 * 绘制菜单界面，如图 3-9 所示
 */
public void drawMenu(Canvas c){
    c.drawBitmap(imgmenubk, 0 + 120, 0, p);
    Tools.setClip(c,53 + 120, 260, 42, 17);
    c.drawBitmap(imgMenuZhuanlun, 53 + 120, 260 - menuZhuanlunY*17, p);
    Tools.resetClip(c);
    c.drawBitmap(imgMenuBg, 93 + 120, 256, p);
        Tools.setClip(c,103 + 120, 262, 62, 16);
        c.drawBitmap(imgMenuChoose, 103 + 120, 262 - menuPointY, p);
        Tools.resetClip(c);
        c.drawBitmap(imgMenuTiger, 30 + 120, 235, p);
        drawButton(c);
        drawSoft(c,"确定","");
    }
```

图　3-9

```
/**
 * 绘制游戏控制界面，如图 3-10 所示
 * @param g
 */
public void drawGame(Canvas g) {
    if(isBeginNewLevel){
        int lev = level+1;
        g.drawColor(Color.BLACK);
        g.drawText("第"+lev+"关", (scr_w>>1) - 30, scr_h>>1, p);
    }else{
        Tools.setClip(g, 120, 0, 240, 320);
        g.drawBitmap(imgGameBg, 0-tmpb*360+Tools.offx, Tools.offy,
```

```
p);
        Tools.resetClip(g);
        Tools.drawAllBoard(g,allb,p);
        Tools.drawAllNpc(g, alln,p);
        Tools.drawAllBonus(g, allBonus,p);
        g.drawBitmap(imggameDoor,
Map.guanqia[levelArray[level]][0]-20+Tools.offx,
Map.guanqia[levelArray[level]][1] + Tools.offy, p);
        hero.paint(g,p);
        g.drawBitmap(imggameTlife, 120, 0, p);
        g.drawText(" X "+Hero.life,142,15,p);
        if(hero.isPower) {
            g.drawText("保护："+(5-hero.countB/20),80+120,130,p);
        }
        if(hero.isAddSpeed) {
            g.drawText("加速："+(8-hero.countS/20),80+120,150,p);
        }
        if(isGamePause) {
            g.drawBitmap(imggameinMenuBg, 78 + 120, 101, p);
            g.drawBitmap(imggameKuang, 82 + 120, 130 + GamePointY*18, p);
            g.drawBitmap(imggameinmenu, 96 + 120, 135, p);
        }
        /*******************************************/
        drawButton(g);
            p.setColor(Color.BLACK);
            openScreen(g, index);
        drawSoft(g,"","暂停");
    }
}
```

图　3-10

```
/**
 * 绘制左右方向键
 * @param c
 */
public void drawSoft(Canvas c,String left,String right) {
    p.setColor(Color.GREEN);
    p.setTextSize(20);
    c.drawText(left, 15, scr_h-10, p);
    c.drawText(right, scr_w-40-15, scr_h-10, p);
}
/**
 * 绘制按键
 * @param c
 */
public void drawButton(Canvas c) {
    c.drawBitmap(bmpPanel, 0,0, p);
    Tools.setClip(c, 0, 170, 55, 60);
    c.drawBitmap(bmpDirBtn1,0 - left_btn_offx ,170, p);
    Tools.resetClip(c);
    Tools.setClip(c, 65, 170, 55, 60);
    c.drawBitmap(bmpDirBtn2, 65 - right_btn_offx, 170, p);
    Tools.resetClip(c);
    Tools.setClip(c, 400, 190, 64, 64);
    c.drawBitmap(bmpJumpBtn, 400 - ok_btn_offx, 190, p);
    Tools.resetClip(c);
}
/**
 * 绘制失败画面，如图 3-11 所示
```

```
 * @param g
 */
public void drawLoos(Canvas c) {
    c.drawBitmap(imgLoosBk, 120, 0, p);
    c.drawBitmap(imgLoos, 181, 50, p);
    c.drawBitmap(imggameinMenuBg, 199, 130, p);
    c.drawBitmap(imggameKuang, 202, 175+point*18, p);
    Tools.setClip(c, 216, 180, 48, 34);
    c.drawBitmap(imggameinmenu, 216,144,p);
    Tools.resetClip(c);
    Tools.setClip(c, 224, 148, 32, 32);
    c.drawBitmap(imgGameOver, 224 - frame * 32, 145-tmph*32, p);
    Tools.resetClip(c);
    drawButton(c);
    drawSoft(c,"确定","");
}
```

图　3-11

```
/**
 * 绘制帮助页面，如图 3-12 所示
 */
public void drawHelp(Canvas g){
    g.drawColor(Color.BLACK);
    for (int i = 0; i < Tools.strHelp.length; i++) {
        switch (i) {
        case 15:
            Tools.setClip(g,140, i*15+nextPage, 12, 12);
            g.drawBitmap(imgGameDaoju, 140, i*15+nextPage, p);
            Tools.resetClip(g);
            break;
```

```
    case 19:
        Tools.setClip(g,140, i*15+nextPage, 12, 12);
        g.drawBitmap(imgGameDaoju, 140-12, i*15+nextPage, p);
        Tools.resetClip(g);
        break;
    case 25:
        Tools.setClip(g,140, i*15+nextPage, 12, 12);
        g.drawBitmap(imgGameDaoju, 140-24, i*15+5+nextPage, p);
        Tools.resetClip(g);
        break;
    case 31:
        Tools.setClip(g,140, i*15+nextPage, 12, 12);
        g.drawBitmap(imgGameDaoju, 140-36, i*15+nextPage, p);
        Tools.resetClip(g);
        break;
    case 35:
        Tools.setClip(g,140, i*15+nextPage, 12, 12);
        g.drawBitmap(imgGameDaoju, 140-48, i*15+nextPage, p);
        Tools.resetClip(g);
        break;
    }

    g.drawText(Tools.strHelp[i],155, 30 + i * 15+nextPage, p);
}
p.setColor(Color.WHITE);
drawSoft(g,"翻页","返回");
}
```

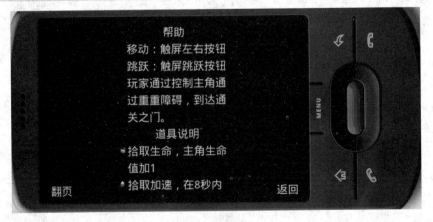

图 3-12

```
/**
 * 绘制自我介绍页面，如图 3-13 所示
```

```
      */

   public void drawAbout(Canvas g) {
       g.drawColor(Color.BLACK);
       for (int i = 0; i < Tools.strAbout.length; i++) {
           g.drawText(Tools.strAbout[i],155, 30 + i * 15, p);
       }
       drawSoft(g,"","返回");
   }
```

图　3-13

```
   /**
    * 绘制设置页面, 如图 3-14 所示
    */
   public void drawSet(Canvas c){
       c.drawColor(Color.WHITE);
       c.drawBitmap(imgSetKuang, setArray[2][0], setArray[2][1] +
setPointRow*setArray[4][0], p); //选择框的
       if(setPointRow==0){
           Tools.setClip(c,setArray[0][0], setArray[0][1], setArray
[0][2], setArray[0][3]);
           c.drawBitmap(imgSetJiantou, setArray[0][0], setArray[0][1]
- setArray[0][3], p);
           Tools.resetClip(c);
           Tools.setClip(c,setArray[0][0], setArray[0][1] + setArray
[4][0], setArray[0][2], setArray[0][3]);
           c.drawBitmap(imgSetJiantou, setArray[0][0], setArray[0][1]
+ setArray[4][0] , p);
           Tools.resetClip(c);
       }else{
           Tools.setClip(c,setArray[0][0], setArray[0][1], setArray
```

```
[0][2], setArray[0][3]);
        c.drawBitmap(imgSetJiantou, setArray[0][0], setArray[0]
[1], p);
        Tools.resetClip(c);
        Tools.setClip(c,setArray[0][0], setArray[0][1] + setArray
[4][0], setArray[0][2], setArray[0][3]);
        c.drawBitmap(imgSetJiantou, setArray[0][0], setArray[0][1]
+ setArray[4][0] - setArray[0][3], p);
        Tools.resetClip(c);
    }
    //文字图
    Tools.setClip(c,setArray[1][0], setArray[1][1], setArray[1]
[2], setArray[1][3]);
    c.drawBitmap(imgSetMG, setArray[1][0], setArray[1][1],p);
    Tools.resetClip(c);
    Tools.setClip(c,setArray[1][0], setArray[1][1] + setArray
[4][0], setArray[1][2], setArray[1][3]);
    c.drawBitmap(imgSetMG, setArray[1][0] - setArray[1][2],
setArray[1][1] + setArray[4][0],p);
    Tools.resetClip(c);
    /////////////////////////
    //开关
    Tools.setClip(c,setArray[3][0], setArray[3][1], setArray[3]
[2], setArray[3][3]);
    c.drawBitmap(imgSetKaiguan, setArray[3][0] - setPointX*
setArray[3][2], setArray[3][1], p);
    Tools.resetClip(c);
    //关卡选择
    p.setColor(Color.BLACK);
    p.setTextSize(16);
    c.drawText("第" + levelchoice + "关", setArray[5][0], setArray
[5][1],p);
    drawButton(c);
    if(OLD_STATE != GAME) {
        drawSoft(c,"确定","返回");
    }else{
        drawSoft(c,"","返回");
    }
    if(isCanChoice){
        if(levelchoice < 15) {
            c.drawText("关卡未被激活", (Tools.screenW >> 1) + 60, 260, p);
        }else {
```

```
            c.drawText("已是最后一关", (Tools.screenW >> 1) + 60, 260, p);
        }
    }
}
```

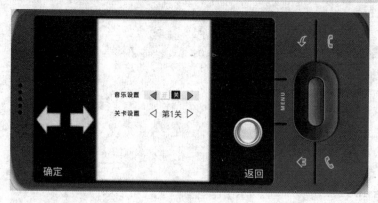

图 3-14

```
/**
 * 绘制结束页面，如图 3-15 所示
 */
public void drawGameOver(Canvas c){
    c.drawColor(Color.WHITE);
    c.drawBitmap(imgLogoBk, 120, 0, p);
    for (int i = 4; i >= 0; i--) {
        Tools.setClip(c,50 + 120, i*65, 100, 70);
        c.drawBitmap(imgGameLogo, 50 - i*100 + 120, i*65, p);
        Tools.resetClip(c);
    }
    c.drawBitmap(imggameover, 120, 0, p);
    drawSoft(c,"","返回");
}
```

图 3-15

```java
/**
*绘制开窗效果，如图 3-16 所示
*/
public void openScreen(Canvas c , int index) {
    if(game_kz == -1)
        return;
    else if(index > -1 && index<4){
        game_sdx = game_kz;
    }
    else if(index > 3 && index < 5){
        game_sdx = game_kz*6;
    }
    if(index ==0){
        for(int i=0;i<10;i++){
                fillRect(c,120,i*32,240,32-game_sdx);
        }
    }
    else if(index == 1){
        for(int i=0;i<10;i++){
                fillRect(c,i*24 + 120,0,24 - game_sdx,scr_h);
        }
    }
    else if(index == 2){
        for(int i=0;i<6;i++){
            for(int j=0;j<8;j++) {
                fillRect(c,i*40 + game_sdx + 120 ,j*40 + game_sdx,40 -
2*game_sdx,40 - 2*game_sdx);
            }
        }
    }
    else if(index == 3){
        for(int i=0;i<6;i++){
            for(int j=0;j<8;j++){
                c.drawCircle(i*40 + 140,j*40 + 20,20 - 2*game_sdx,p);
            }
        }
    }
    else if(index == 4){
        fillRect(c,0 + 120, 0, 120 - ((game_sdx/3)*2),160 - game_sdx);
        fillRect(c,120 +  ((game_sdx/3)*2) + 120, 0, 120 -
((game_sdx/3)*2), 160 - game_sdx);
        fillRect(c,0 + 120, 160 + game_sdx, 120 - ((game_sdx/3)*2),
```

```
160 - game_sdx);
        fillRect(c,120 + ((game_sdx/3)*2) + 120, 160 + game_sdx, 120
- ((game_sdx/3)*2), 160 - game_sdx);
    }
    if(++game_kz==30) {
        game_kz = -1;
    }
}
```

图　3-16

```
public void fillRect(Canvas c,int x,int y,int w,int h) {
    p.setColor(Color.BLACK);
    c.drawRect(x, y, x+w, y+h, p);
}
public void fillArc(Canvas c,int cx,int cy,int radio) {
    p.setColor(Color.BLACK);
    c.drawCircle(cx, cy, radio, p);
}

/**
 * 按键处理
 */
public void KeyPross(){
    switch (state) {
    case LOGO:
        if(anyKeyPress){
            state = CHOOSE;
            cleanAllPress();
        }
        break;
    case CHOOSE:
```

```java
        if(left_softPress){
            music.start();
            setPointX = 0;
            state = MENU;
            cleanAllPress();
        }
        if(right_softPress){
            setPointX = 1;
            state = MENU;
            cleanAllPress();
        }
    break;
case GAME_LOGO:
    if(anyKeyPress) {
        state = MENU;
        cleanAllPress();
    }
    break;
case MENU:
    //按下一次，要等待菜单条滚动完一个，所以应加上一个 isMenuRoll 变量控制
    if(!isMenuRollUp){
        if(leftPress){
            isMenuRollDown = true;
        }
    }
    if(!isMenuRollDown){
        if(rightPress){
            isMenuRollUp = true;
        }
    }
    //因为不需要做出滚动效果，所以确认处理应写在按键处里面）
    if(!isMenuRollUp&&!isMenuRollDown){
        if(okPress) {
            switch (menuPointY) {
                case 16://开始游戏
                    startGame();
                    break;
                case 32://继续游戏
                    conGame();
                    break;
                case 48://游戏设置
                    cleanAllPress();
```

```
                            OLD_STATE = MENU;
                            state = SET;
                            break;
                        case 64://游戏帮助
                            state = HELP;
                            cleanAllPress();
                            break;
                        case 80://游戏自我介绍
                            state = ABOUT;
                            cleanAllPress();
                            break;
                        case 96://退出游戏
                            exit();
                            break;
                    }
                }
            }
        break;
    case GAME:
        if(!isGamePause){
            if(leftPress) {
                hero.moveLeft();
            }
            if(rightPress) {
                hero.moveRight();
            }
            if(upPress || okPress) {
                hero.up();
            }
        }
        break;
    case SET:
        //因为只是简单的按键处理，所以就直接写在这里
        break;
    case HELP:
        break;
    case ABOUT:
            if(right_softPress){
                state = MENU;
                cleanAllPress();
            }
        break;
```

```
    case HERO_DEAD:

        break;
    case GAME_OVER:
        if(right_softPress) {
            state = MENU;
            cleanAllPress();
        }
        break;
    }
}


/**
 * MENU 逻辑
 */
public void menuLogic(){
    //菜单的滚动逻辑，在没有滚动完一格的时候，不释放鼠标，使滚动继续
    if(isMenuRollUp){
        if(menu_count < 8){
            menuPointY -= 2;
            if(menu_count%3==0){
            menuZhuanlunY --;
            if(menuZhuanlunY < 0){
                menuZhuanlunY = 2;
            }
            }
            if(menuPointY == 0){
                menuPointY = 96;
            }
            menu_count++;
        }else{menu_count = 0;isMenuRollUp = false;}
    }
    if(isMenuRollDown){
        if(menu_count < 8){
            menuPointY += 2;
            if(menu_count%3==0){
            menuZhuanlunY ++;
            if(menuZhuanlunY > 2){
                menuZhuanlunY = 0;
            }
            }
```

```
            if(menuPointY == 112){
                menuPointY = 16;
            }
            menu_count++;
        }else{menu_count=0;isMenuRollDown = false;}
    }
}


public void run(){
    startTime = SystemClock.currentThreadTimeMillis();
    while(isRun){
        Canvas c = null;
        try{
            KeyPross();   //处理按键
            logic();       //处理逻辑
            c = sh.lockCanvas();  //锁定画面
            switch(state){ //根据不同的状态进行绘制
            case LOGO:
                drawLogo(c);
                break;
            case MENU:
                clean();
                drawMenu(c);
                break;
            case GAME:
                drawGame(c);
                break;
            case CHOOSE:
                drawChoose(c);
                break;
            case SET:
                drawSet(c);
                break;
            case HELP:
                drawHelp(c);
                break;
            case ABOUT:
                drawAbout(c);
                break;
            case HERO_DEAD:
                drawLoos(c);
                break;
```

```
            case GAME_OVER:
                drawGameOver(c);
                break;
            }

            endTime = SystemClock.currentThreadTimeMillis();
            long temp_rate = 0;
            if(endTime - startTime < rate){ //控制 FPS
                temp_rate = rate;
                Thread.sleep(temp_rate - (endTime - startTime));
            }
            startTime = SystemClock.currentThreadTimeMillis();
        }catch (Exception e) {
            // TODO: handle exception
        }finally{
            if(c!=null){
                //解锁画面，写 finally，无论如何都应将其解锁
                sh.unlockCanvasAndPost(c);
            }
        }
    }
}
/**
 * 存储数据
 * @param life
 * @param level
 * @param maxlevel
 */
public void saveStage(int life,int level,int maxlevel) {
    SharedPreferences  settings  =  context.getSharedPreferences
("data", 0);
    SharedPreferences.Editor editor = settings.edit();
    editor.putInt("life", (life + 1));
    editor.putInt("level", (level + 1));
    editor.putInt("maxlevel", (maxlevel + 1));
    editor.commit();
}
/**
 *
 */
public void saveStage() {
    SharedPreferences settings =
```

```
        context.getSharedPreferences("data", 0);
        if(settings.getInt("level", 0) == 0){
            SharedPreferences.Editor editor = settings.edit();
            editor.putInt("life", 3);
            editor.putInt("level", 0);
            editor.putInt("maxlevel", 0);
            editor.commit();
        }

    }
    /**
     * 读取数据
     */
    public void restoreStage() {
        SharedPreferences settings =
        context.getSharedPreferences("data", 0);
        lsLife = settings.getInt("life", 0) - 1;
        lsLevel = settings.getInt("level", 0) - 1;
        lsMaxLevel = settings.getInt("maxlevel", 0) - 1;
    }
}
```

3.3.5.3 Map 类

用于储存地图，以及游戏中相关数据，代码如下：

```
package com.ming.last;
class Map {
    //游戏地图   数据分别为[关]、[挡板索引]、[起始 x，起始 y，类型，
    //       最大长度，速度，起始长度，剩余长度，起始运动方向]
    public static int game_map[][][] = {
        {
            {270,580,3,80,1,80,40,0},
            {215,530,1,60,1,60,30,0},
            {170,480,4,70,1,70,70,0},//NPC 在上面行走
            {0,480,4,40,1,40,40,0},//弹簧在这里
            {160,430,2,60,1,60,30,0},//向右跳，左边 X
            {235,380,3,70,1,70,30,0},
            {45,400,2,40,1,40,5,0},
            {250,330,2,70,1,70,40,0},
            {150,320,1,70,1,70,30,0},
            {0,290,4,50,0,50,50,0},
            {50,240,3,50,1,50,10,0},
            {130,190,4,70,0,70,70,0},//NPC 走
            {215,220,2,60,1,60,30,0},
            {300,190,3,60,1,60,30,0},
```

```
        {310,140,2,60,1,60,0,0},
        {193,90,4,70,0,70,70,0}, //NPC 移动
        {110,60,2,70,1,70,30,0},
        {0,40,4,70,0,70,70,0}, //结束
        {0,637,4,637,3,637,637,0},    //地板
    },
    {

        {30,580,4,60,0,60,60,0},
        {120,530,1,60,1,40,30,0},
        {205,480,2,60,1,60,30,0},
        {310,530,4,50,0,50,50,0},//  4
        {285,320,3,75,1,75,45,0},
        {175,290,2,75,1,75,45,0},
        {70,290,1,70,1,70,30,0},
        {0,240,1,60,1,60,30,0},
        {90,190,2,60,1,60,20,0},
        {160,140,1,50,1,50,30,0},
        {230,90,3,65,2,65,40,0},
        {150,40,4,50,0,50,50,0},
        {0,637,4,637,3,637,637,0},    //地板
    },
    {

        {25,580,2,60,1,60,20,0},
        {95,345,6,560,1,70,344,0}, //NPC2
        {15,190,6,400,2,70,189,0},
        {0,125,4,50,0,50,50,0}, //弹簧
        {65,37,2,60,1,60,10,0},
        {155,80,4,50,0,50,50,0},
        {275,580,2,60,1,60,20,0},
        {195,345,6,560,1,70,344,0},
        {295,190,6,400,2,70,189,0}, //NPC
        {310,125,4,50,0,50,50,0}, //弹簧
        {235,37,2,60,1,60,10,0},
        {159,140,4,45,0,45,45,0},//OVER
            {0,637,4,637,3,637,637,0},    //地板
    },
    {

        {270,580,3,80,1,80,40,0},
        {215,530,1,60,1,60,30,0},
        {170,480,4,70,1,70,70,0},//NPC 在上面行走
        {0,480,4,40,1,40,40,0}, //弹簧在这里
        {160,430,2,60,1,60,30,0},//向右跳，左边 X
```

```
        {235,380,3,70,1,70,30,0},
        {45,400,2,40,1,40,5,0},
        {250,330,2,70,1,70,40,0},
        {150,320,1,70,1,70,30,0},
        {0,290,4,50,0,50,50,0},
        {50,240,3,50,1,50,10,0},
        {130,190,4,70,0,70,70,0},//NPC1
        {215,220,2,60,1,60,30,0},
        {300,190,3,60,1,60,30,0},
        {310,140,2,60,1,60,0,0},
        {193,90,4,70,0,70,-10,0}, //NPC1
        {110,60,2,70,1,70,30,0},
        {0,50,4,70,0,70,70,0}, //结束
        {0,637,4,637,3,637,637,0},    //地板
    },
    {
        {25,580,2,60,1,60,30,0},
        {25,530,4,80,1,80,80,0},
        {120,350,6,500,2,30,349,0}, //向上
        {190,400,5,275,2,30,189,0},//向右
        {290,450,2,35,1,35,0,0},
        {320,520,4,40,0,40,40,0},   //弹簧
        {300,310,2,60,1,60,30,0},
        {290,260,4,70,0,70,70,0},
        {215,210,1,60,1,30,30,0},
        {55,160,5,210,2,40,54,0},//向右
        {45,110,2,60,1,40,30,0},
        {105,60,5,245,2,75,104,0},//R
        {310,40,4,50,0,50,50,0},//OVER
        {0,637,4,637,3,637,637,0}    //地板
    },
    {
        {70,580,1,60,2,60,20,0},
        {230,580,3,60,2,60,20,0},
        {150,530,4,80,0,80,80,0},//  NPC1
        {70,480,2,60,1,60,20,0},
        {230,480,2,60,1,60,20,0},
        {0,430,4,40,0,40,40,0},//弹簧
        {320,430,3,40,1,40,1,0},
        {310,370,4,50,0,50,50,0},//弹簧
        {240,370,4,30,1,0,0,0},
        {150,400,4,80,0,80,80,0},//NPC
```

```
    {85,280,2,90,1,90,60,0},
    {200,240,3,60,1,60,30,0},
    {290,210,4,70,0,70,70,0},//NPC
    {300,160,3,60,1,60,30,0},
    {215,125,1,60,1,60,30,0},
    {95,125,4,70,0,70,70,0},//NPC
    {40,70,1,65,1,65,20,0},
    {155,40,4,60,0,60,60,0},
    {0,637,4,637,3,637,637,0},    //地板
},
{
    {70,580,1,60,1,60,20,0},
    {160,530,2,60,1,60,40,0},
    {260,530,1,50,1,50,20,0},
    {100,480,4,65,0,65,65,0},//NPC 2
    {35,435,2,60,1,60,30,0},
    {145,400,4,50,0,50,50,0},//弹簧1
    {260,400,4,50,0,50,50,0},//弹簧2
    {150,200,4,50,0,50,50,0},
    {260,225,4,50,0,50,50,0},
    {60,160,2,70,1,70,30,0},//NPC   移动缓慢的NPC
    {60,105,3,60,2,60,-10,0},//NPC
    {60,55,1,70,2,50,10,0},//NPC
    {190,55,4,65,2,65,65,0},  //NPC
    {305,40,4,55,0,55,55,0},  //结束
    {0,637,4,637,3,637,637,0},    //地板
},
{
    {0,637,4,637,3,637,637,0},    //地板
    {10,580,1,60,1,60,10,0},
{50,530,2,70,2,70,-10,0},
{90,480,2,70,2,70,-30,0},
{130,430,2,70,2,70,-20,0},
{160,380,1,60,2,60,-1,0},
{190,330,2,50,1,50,20,0},
{70,330,2,70,1,70,40,0},
{275,330,3,60,2,60,30,0},
{0,300,1,30,2,30,-10,0},
{0,250,4,40,1,40,40,0},  //保护道具
{300,270,3,50,1,50,20,0},
{235,230,1,70,1,70,40,0},
{140,200,2,40,1,40,-10,0},
```

```
{210,170,2,40,1,40,-20,0},
{140,140,2,40,1,40,-30,0},
{55,140,1,50,1,50,30,0},
{245,580,4,70,0,70,70,0},//NPC
{320,545,3,40,1,40,0,0},
{320,495,4,40,1,40,40,0},//弹簧道具
{45,80,2,50,1,50,30,0},
{130,60,2,50,1,50,20,0},
{220,40,2,50,1,50,25,0},
{300,40,4,60,1,60,60,0},
},
{
    {90,580,3,60,1,60,20,0},
    {190,580,1,60,1,60,20,0},
    {20,530,2,60,1,60,30,0},
    {260,530,3,70,1,70,30,0},
    {90,480,3,60,1,60,30,0},
    {190,480,1,60,1,60,30,0},
    {92,430,2,40,2,40,-10,0},
    {190,430,4,70,0,70,70,0},  //NPC1
    {128,380,2,60,1,60,20,0},
    {65,360,2,30,1,30,-10,0},//修正一下20》》》-10
    {0,340,4,40,0,40,40,0},//弹簧
    {205,330,3,60,1,60,20,0},
    {260,280,2,70,1,70,25,0},
    {170,230,4,80,0,80,80,0},//NPC1
    {80,180,2,50,1,60,10,0},
    {0,180,4,40,0,40,40,0},
    {170,170,3,60,1,60,20,0},
    {260,85,4,70,0,70,70,0},  //NPC1
    {270,145,2,50,1,50,30,0},
    {140,55,4,80,0,80,80,0},// NPC1
    {0,35,4,90,0,90,90,0},  //OVER
    {0,637,4,637,3,637,637,0}      //地板

},
{
    {25,590,1,60,2,25,25,1},
    {125,550,3,60,1,20,20,1},
    {0,510,1,70,1,30,25,0},
    {140,470,2,50,1,-20,-10,1},
    {245,550,3,25,1,5,15,1},
```

```
        {210,580,2,20,1,-50,-30,1},      //隐藏块
        {255,500,2,40,1,40,15,0},
        {310,540,3,50,1,50,20,0},          //弹簧道具
        {345,440,3,50,1,0,20,1},
        {240,390,2,60,1,0,30,1},
        {130,360,1,60,1,2,30,1},
        {50,305,1,50,1,50,20,0},
        {95,250,2,100,1,30,30,1},          //加怪物挡板
        {0,200,1,40,1,40,20,0},            //护甲道具
        {150,200,3,90,1,90,40,0},          //加怪物挡板
        {250,230,4,20,1,30,20,1},
        {320,170,3,50,1,20,20,0},
        {340,330,4,20,1,20,20,0},          //加生命道具
        {250,120,1,85,1,85,25,0},          //加怪物挡板
        {200,100,4,20,1,20,20,1},
        {90,120,2,100,1,40,40,1},          //加怪物挡板
        {70,70,2,30,2,30,-10,0},
        {0,35,4,40,1,40,10,1},             //过关
        {0,637,4,637,3,637,637,0}          //地板
},
    {
        {310,600,3,50,1,50,30,0},
        {230,550,1,70,1,20,20,1},          //加怪物挡板
        {275,500,2,50,1,50,20,0},
        {230,440,4,30,1,30,30,0},
        {120,380,3,100,1,100,30,0},        //加怪物挡板
        {90,440,4,0,1,20,0,0},
        {70,505,2,90,1,40,40,1},           //加怪物挡板
        {0,535,4,0,1,20,0,0},              //加生命
        {0,465,4,0,1,20,0,0},              //弹簧
        {0,300,4,0,1,30,0,0},
        {50,240,2,100,1,100,30,0},
        {190,180,3,60,1,20,30,1},
        {140,120,4,0,1,20,0,0},            //加护甲道具
        {225,200,3,80,1,80,30,0},          //加怪物挡板
        {280,140,3,70,1,70,40,0},          //加怪物挡板
        {240,85,4,0,1,20,0,0},
        {320,35,3,70,1,40,40,1},           //门
        {0,637,4,637,3,637,637,0}          //地板
    },
    {
        {150,590,3,50,1,50,32,0},
```

```
        {90,535,4,90,1,90,30,0},      //加怪物挡板
        {50,465,2,100,1,100,30,1},    //加怪物挡板
        {0,430,4,0,0,20,0,0},
        {50,380,5,210,2,30,40,0},     //横移
        {275,360,6,550,2,30,359,0},   //纵移
        {340,450,4,0,0,20,0,0},        //弹簧
        {340,530,4,0,0,20,0,0},        //加生命
        {340,270,4,0,0,30,0,0},
        {270,230,6,250,-2,30,120,0},
        {210,120,4,0,0,30,0,0},
        {120,180,1,90,1,80,35,0},     //加怪物挡板
        {50,190,4,0,0,20,0,0},
        {0,140,4,0,0,30,0,0},
        {40,80,2,100,1,80,40,0},       //加怪物挡板
        {0,40,4,0,0,20,0,0},           //加速
        {90,40,5,185,2,40,49,0},       //横移
        {300,35,4,60,3,60,640,0},//门
        {0,637,4,637,3,637,637,0},//地板

    },
    {
        {0,340,4,30,1,30,30,0},
        {100,380,4,100,1,100,35,0},   //加怪物挡板
        {0,520,1,60,1,20,20,1},        //护甲
        {80,430,1,90,1,90,30,0},       //加怪物挡板
        {110,520,4,90,1,90,30,0},      //加怪物挡板
        {200,555,5,300,2,30,199,1},   //横移
        {330,510,4,0,0,30,0,0},        //弹簧
        {330,320,4,0,0,30,0,0},
        {280,270,2,30,1,30,-11,0},
        {320,95,6,230,2,40,90,0},      //纵移
        {200,80,4,100,1,100,30,0},     //加怪物
        {170,120,2,30,1,0,-15,1},
        {205,170,4,0,0,20,0,0},        //定时
        {145,210,2,85,1,85,20,0},      //加怪物
        {75,260,4,80,1,80,30,1},       //加怪物
        {10,230,6,231,-2,30,80,1},     //纵移
        {0,35,4,0,0,40,0,0},           //门
        {0,637,4,637,3,637,637,0}      //地板
    },
    {
        {0,35,4,0,0,60,0,0},      //门
```

```
        {130,90,4,0,0,100,0,0},
        {110,125,2,100,1,100,50,0},//怪物
        {50,160,4,0,0,30,0,0},
        {50,210,1,100,1,100,50,0},   //怪物
        {170,260,4,50,1,50,30,1},    //生命
        {70,310,4,0,0,100,0,0},      //怪物
        {0,320,6,520,2,40,319,0},    //纵移
        {330,600,4,0,0,50,0,0},      //起始
        {200,550,2,100,1,100,50,0},  //怪物
        {300,500,3,60,1,60,20,0},    //弹簧
        {320,320,4,0,0,40,0,0},      //护甲
        {200,440,2,100,1,100,50,0},  //怪物
        {120,410,2,80,1,80,40,0},    //怪物
        {50,480,4,0,0,90,0,0},       //怪物
        {260,70,4,0,0,30,0,0},
        {320,35,4,0,0,40,0,0},       //加速
      {0,637,4,637,3,637,637,0}      //地板
    },
    {
        {75,570,1,80,2,80,60,0},
        {165,520,2,80,1,80,40,0},
        {140,470,1,50,2,50,30,0},
        {65,420,1,70,1,70,40,0},
        {220,420,3,70,1,70,50,0},
        {0,370,4,50,0,50,50,0},
        {280,370,3,50,1,50,30,0},
        {25,320,4,40,0,40,40,0},
        {190,320,2,80,1,80,50,0},
        {160,270,1,80,1,80,50,0},
        {255,220,2,70,1,70,30,0},
        {165,170,1,70,1,70,40,0},
        {76,170,1,60,1,60,30,0},
        {25,120,2,50,1,50,20,0},
        {115,70,4,30,1,30,30,0},
        {180,70,4,35,0,35,35,0},
        {310,70,4,50,0,50,50,0},
        {0,637,4,637,3,637,637,0},    //地板
    },
};
//怪物数组，数据分别为[关]、[怪物索引]、[x,y,类型，怪物所在的挡板的索引,
运动方向，速度]
public static int npc_array[][][] ={
```

```
{
    {170,465,1,2,1,1},
    {130,175,3,11,1,1},
    {193,75,2,15,1,1},
},
{

},
{
    {105,331,1,1,1,2},
    {210,331,1,7,0,2},
},
{
    {170,465,1,2,1,2},
    {130,175,1,11,1,3},
    {193,75,1,15,1,2}
},
{
    {25,515,1,1,0,1},
    {130,45,2,11,0,2},
    {290,245,3,7,0,1},
},
{
    {150,515,1,2,1,2},
    {150,385,1,9,1,1},
    {310,195,1,12,0,1},
    {115,110,1,15,0,1},
    {95,265,2,10,1,1}
},
{
    {100,465,2,3,0,1},
    {190,40,1,12,1,1}
},
{
    {245,565,1,17,1,2}
},
{
    {200,415,1,7,1,1},
    {185,215,2,13,1,2},
    {300,70,1,17,0,1},
    {200,40,3,19,0,3}
},
```

```
{
    {100,235,1,12,0,2},
    {200,185,2,14,0,2},
    {250,105,2,18,0,2},
    {110,105,3,20,0,2}
},
{
    {230,535,1,1,0,2},
    {140,365,1,4,1,2},
    {90,490,2,6,0,2},
    {70,225,3,10,1,2},
    {210,185,2,13,1,2},
    {320,125,3,14,0,2}
},
{
    {160,520,3,1,0,2},
    {45,450,2,2,1,2},
    {180,165,1,11,0,2},
    {180,65,1,14,1,2}
},
{
{100,365,1,1,0,2},
{150,415,2,3,0,2},
{120,505,3,4,1,2},
{250,65,3,10,1,2},
{200,195,2,13,1,2},
{80,245,1,14,1,2}
},
{
    {160,110,1,2,1,2},
{100,195,2,4,1,2},
{70,295,3,6,1,2},
{250,535,3,9,1,2},
{250,425,1,12,1,2},
{160,395,2,13,1,2},
{50,465,2,14,1,2}
},
{
    {0,355,1,5,1,2},
},
};
//道具数组，数据分别为[关]、[道具索引]、[x,y,类型]
```

```java
public static int bonus[][][] = {
    {
        {60,388,0},
        {16,468,4},
    },
    {
        {329,518,4},
    },
    {
        {105,372,0},
        {243,442,1},
        {15,113,4},
        {333,113,4},
    },
    {
        {20,90,1},
        {15,468,4},
        {35,278,4},
    },
    {
        {335,508,4},
    },
    {
        {230,280,0},
        {45,218,1},
        {15,418,4},
        {325,358,4},
    },
    {
        {15,190,0},
        {167,388,4},
        {15,390,4},
        {325,85,3},
        {330,330,4},
        {335,510,4},
    },
    {
        {300,85,0},
        {335,482,4},
        {15,238,4},
    },
    {
```

```
                {330,25,1},
                {15,328,4},
        },
        {
                {345,318,0},
                {348,528,4},
                {0,188,1}
        },
        {
                {0,453,4},
                {0,523,0},
                {140,108,1}
        },
        {
                {0,418,0},
                {345,438,4},
                {345,518,0},
                {0,28,2}
        },
        {
                {3,508,1},
                {340,498,4},
                {210,158,0}
        },
        {           {200,248,0},
                {345,488,4},
                {335,308,1},
                {345,23,2}
        },
        {
                {200,0,2},
                {40,180,3},
                {40,308,4},
                {348,265,0},
        },
};
//Hero 数组，数据分别为[关]、[x,y,初始状态]
public static int hero_array[][]={
        {180,590,2},
        {60,590,2},
        {60,590,2},
        {60,590,2},
```

```
        {300,558,2},
        {60,590,2},
        {60,590,2},
        {40,568,2},
        {300,558,2},
        {25,558,2},
        {328,568,2},
        {168,558,2},
        {0,308,2},
        {280,605,2},
        {60,590,2},
    };
    //过关点数组，数据分别为[关]、[x,y,]
    public static int guanqia[][]={
        {20,5,45},
        {175,5,45},
        {182,105,145},
        {20,15,55},
        {340,5,45},
        {185,5,45},
        {340,5,45},
        {340,5,45},
        {20,0,40},
        {20,0,40},
        {340,0,40},
        {340,0,40},
        {20,0,40},
        {20,0,40},
        {340,35,75},
    };
}
```

3.3.5.4　Npc 类

代码如下：

```
package com.ming.last;

import android.graphics.Canvas;
import android.graphics.Paint;

public class Npc {
    public int nx,ny;
    public int style;
    public int boardInRow;
```

```java
public int DIR;
public int speed;
public int nw=15,nh=15;
public int nextF;
public int nowRow;
/**
 *
 * @param x npc 的 x 坐标
 * @param y npc 的 y 坐标
 * @param s npc 的类型(怪物的样子)
 * @param bir npc 的所在的木板数组的位置
 * @param d    npc 的方向，0 是左移动，1 是右移动
 * @param sp npc 的速度
 */
public Npc(int x ,int y ,int s, int bir ,int d ,int sp){
    nx = x;
    ny = y;
    style = s - 1;
    boardInRow = bir;
    DIR = d;
    speed = sp;
}
/**
 * 绘制 npc
 * @param c
 * @param p
 */
public void drawNpc(Canvas c,Paint p){
        Tools.setClip(c,nx+Tools.offx, ny + Tools.offy, 15, 15);
        c.drawBitmap(GameView.imggameNpc, nx - nextF*15+Tools.offx,
ny + Tools.offy - nowRow*15, p);
        Tools.resetClip(c);
}
/**
 * 移动 npc
 * @param allb
 */
public void move(Board[] allb){
    int sped = allb[boardInRow].speed;
    if(DIR==0){ //根据不同的移动类型，进行不同的移动
        nowRow = style*2;
        if(allb[boardInRow].style == 5){
```

```
            nx -= speed - sped;
        }else{
            nx -= speed;
        }
        if(allb[boardInRow].style == 6){
            ny += sped;
        }
        if(nx < allb[boardInRow].bx){DIR=1;}
    }
    else{if(DIR==1){
        nowRow = style*2 + 1;
        if(allb[boardInRow].style == 5){nx += speed + sped;}
        else{nx += speed;}
        if(allb[boardInRow].style == 6){
            ny += sped;
        }
        if((nx+nw) > (allb[boardInRow].bx + allb[boardInRow].addx))
{DIR=0;}
        }
    }
    nextFrame(); //播放动画
}
/**
 * 播放动画
 */
public void nextFrame(){
    nextF++;
    if(nextF > 1){nextF=0;};
}
}
```

3.3.5.5　道具类 Bonus

代码如下：

```
/**
 * 道具构造
 * @param bx 道具 x 坐标
 * @param by 道具 y 坐标
 * @param bKinds 道具种类
 */
public Bonus(int bx,int by,int bKinds){
    bonusX = bx;
    bonusY = by;
    bonusKind = bKinds;
```

```
    }
```
3.3.5.6　Hero 类

代码如下：

```java
package com.ming.last;
import android.content.Context;
import android.graphics.Bitmap;
import android.graphics.Canvas;
import android.graphics.Paint;


class Hero {
    Context ct;
    public static final int STATE_STAND = 0;   //站立
    public static final int STATE_LEFT  = 2;    //左走
    public static final int STATE_RIGHT = 3;    //右走
    public static final int STATE_JUMPL = 1;    //左跳
    public static final int STATE_JUMPR = 4;    //右跳


    public final int heroW = 32,heroH = 32;
    public static int life = 0;//生命
    public boolean isJump;       //是否跳跃
    public boolean isJumping;   //是否跳跃中
    public int state;              //hero 状态
    public int hero_frame;        //hero 帧
    public int hero_x;            //hero x 速度
    public int hero_y;            //hero y 速度
    public int hero_speed;       //hero 速度
    public int hero_addSpeed;    //hero 加速后速度
    public int hero_jump_speed=10;//hero 跳跃速度
    public int hero_jump_addSpeed;//hero 踏到加速板后的跳跃速度
    public int hero_jump_high;  //hero 跳跃高度
    public boolean isAddSpeed;  //hero 是否踏到加速板
    public boolean isPower;          //是否处于无敌状态
    public boolean isPause;          //是否吃到护甲道具
    public boolean isDown;
    public int downdistance;//下落高度
    public int countZ;//暂停时间
    public int countS;//速度时间
    public int countB;//保护时间
    public int nextF;
    public int onBonus;//用户存放踩到木板上的数据
    public boolean isStandBorad;//是否踩上木板
```

```java
public int[][] action = {
    {11}, //左跳
    {6,7,8,9,10},//左
    {0,1,2,3,4},//右
    {5}, //右跳
};
public Bitmap imgHero;
public Hero(){
}
/**
 * 初始化人物属性，每一关都调用此方法，初始 Hero 属性
 * @param img
 * @param x
 * @param y
 * @param sta
 */
public void initHero(Bitmap img,int x,int y,int sta) {
    imgHero = img;
    hero_x= x;
    hero_y= y;
    state = sta;
    isAddSpeed = false;
    isPause = false;
    isPower = false;
    isDown = false;
    hero_frame = 2; //初始为站立状态
    hero_speed = 3;
    hero_addSpeed = 5;
}

/**
 * 绘制 Hero
 * @param g
 */
public void paint(Canvas c,Paint p) {
    Tools.setClip(c,hero_x+Tools.offx, hero_y + Tools.offy, 32, 32);
    c.drawBitmap(imgHero, hero_x-(action[state-1][hero_frame])%6 *
32+Tools.offx, hero_y-(action[state-1][hero_frame])/6*32 + Tools. offy -
GameView.tmph * 64,p);
    Tools.resetClip(c);
    if(isPower) {
        Tools.setClip(c,hero_x - 9+Tools.offx, hero_y+Tools.offy -
```

```
9, 50, 50);
        c.drawBitmap(GameView.imgPower,(hero_x - 9) - nextF*50+
Tools.offx, hero_y + Tools.offy - 9, p);
        Tools.resetClip(c);
    }
}
/**
 * 左移动
 */
public void moveLeft() {
    state = STATE_LEFT;
    if(isJumping) {
        state = STATE_JUMPL;
    }
    hero_x -= hero_speed;
    if(hero_x < -4){hero_x = -4;}
    nextFrame();
}
/**
 * 右移动
 */
public void moveRight() {
    state = STATE_RIGHT;
    if(isJumping) {
        state = STATE_JUMPR;
    }
    hero_x += hero_speed;
    if(hero_x + 28 > 360){hero_x = 360 - 28;}
    nextFrame();
}

public void up() {
    if(!isDown){
        if(!isJump&&!isJumping) {
            isJump = true;
            isJumping = true;
        }
    }
}
/**
 * 播放动画
 */
```

```java
    public void nextFrame() {
        hero_frame = hero_frame < action[state-1].length-1 ?
++hero_ frame:0;
    }
    /**
     * 逻辑
     */
    public void logic(Board[] allb) {
        if(isJump) {
            jump();
        }
        else{
            down(allb);
        }
        choiceSpeed();
        if(isPause){          //定时所有挡板与怪物 5 秒
            if(++countZ>= 100) {
                isPause = false;
                countZ = 0;
            }
        }
        if(isPower) {      //hero 无敌 5 秒
            if(++countB >= 100) {
                isPower = false;
                countB = 0;
            }
        }
        if(isAddSpeed) {  //hero 加速 8 秒
            if(++countS >= 160) {
                isAddSpeed = false;
                countS = 0;
            }
        }
        if(++nextF > 5){nextF=0;}

    }
    /**
     * 跳跃上升
     */
    public void jump() {
        hero_frame = 0;
        if(state == STATE_LEFT) {state = STATE_JUMPL;}
```

```java
    if(state == STATE_RIGHT) {state = STATE_JUMPR;}
    hero_y-= hero_jump_speed;
    hero_jump_speed --;
    if(hero_jump_speed <= 0){
        isJump = false;
    }
}
/**
 * 下降
 */
public void down(Board[] allb){
    isDown = true;
    if(hero_jump_speed < 10){
        hero_jump_speed++;
    }
    hero_y += hero_jump_speed;
    downdistance += hero_jump_speed;
    Tools.checkHeroAndBoard(this, allb);  //检测是否站在了挡板上

    if(isStandBorad){ //如果是刚改变hero状态为非跳跃状态,并修正hero坐标
        hero_y = onBonus - 32;
        isJumping = false;
        hero_jump_speed = 11;
        if(state == STATE_JUMPL) {state = STATE_LEFT;}
        if(state == STATE_JUMPR) {state = STATE_RIGHT;}
        isDown = false;
        if(!isPower){ //如果不在保护状态下 并且下降距离超过300,则掉一命
            if(downdistance > 300){
                life--;
                countB = 0;
                isPower = true;
            }
        }
        downdistance = 0;
    }
}
/**
 * Hero 速度的判断,即是否为加速状态
 */
public void choiceSpeed() {
    if(isAddSpeed) {
        hero_speed = hero_addSpeed;
```

```
        }else {
            hero_speed = 3;
        }
    }
}
```

3.3.5.7　Tools 类（工具类）

代码如下：

```
//工具类 Tools，主要封装了一些通用方法，包括挡板、道具、npc 的绘制，以及逻辑处理
package com.ming.last;

import android.content.Context;
import android.content.res.Resources;
import android.graphics.Bitmap;
import android.graphics.BitmapFactory;
import android.graphics.Canvas;
import android.graphics.Color;
import android.graphics.Paint;
import android.graphics.Rect;
import android.graphics.Region;
import android.graphics.Paint.Style;

public class Tools {
    Context ct;
    public static int offx = 120,offy = -320;//x 轴、y 轴方向的滚屏
    public static int screenH = 320,screenW = 240;//屏幕宽高
    //构造方法
    public Tools(Context contest){
        ct = contest;
    }
    /**
     * 通过 ID 获得图片对象
     * @param id
     * @return
     */
    public Bitmap createBmp(int id){
        Bitmap bmp = null;
        Resources res = null;
        res = ct.getResources();
        bmp = BitmapFactory.decodeResource(res, id);
        return bmp;
    }
```

```java
/**
 * 通过数组获得图片数组
 * @param id 数组
 * @param num 数组长度
 * @return
 */
public Bitmap[] createBmp(final int id[],int num){
    Bitmap bmp[] = null;
    bmp = new Bitmap[num];
    for (int i = 0; i < bmp.length; i++) {
        Resources res = null;
        res = ct.getResources();
        bmp[i] = BitmapFactory.decodeResource(res, id[i]);
    }
    return bmp;
}
/**
 * 检测碰撞
 * @param x 触点的 X 坐标
 * @param y 触点的 Y 坐标
 * @param r 矩形对象
 * @return
 */
public boolean checkRectTouch(int x,int y,Rect r){
    if(r.contains(x, y)){
        return true;
    }
    return false;
}
/**
 * 滚屏逻辑
 * @param hero 人物对象
 */
public static void setCamera(Hero hero){
    offy = -(hero.hero_y - ((screenH/5)*3));
    if(offy <= -screenH){offy = -screenH;}
    if(offy > 0){
        offy = 0;
    }
    offx = 120 - (hero.hero_x - (screenW>>1));
    if(offx <= 0){offx = 0;}
    if(offx > 120){
```

```
                offx = 120;
        }
}
/**c.save()与c.restore()必须成对出现**/
/**
 * 设定剪裁区
 * @param c
 * @param x
 * @param y
 * @param width
 * @param height
 */
public static void setClip(Canvas c,int x,int y,int width,int height){
    c.save();
    c.clipRect(x, y, x+width, y+height,Region.Op.REPLACE);
}
/**
 * 恢复剪裁区
 * @param c
 */
public static void resetClip(Canvas c) {
    c.restore();
}
/**
 * 清屏
 * @param c
 * @param p
 */
public static void cleanScreen(Canvas c,Paint p) {
    p.setColor(Color.WHITE);
    p.setStyle(Style.FILL);
    c.drawRect(new Rect(0,0,360,480), p);
}
/*******************************************************/
/**
 * 绘制所有木板
 * @param allb
 * @param g
 */
public static void drawAllBoard(Canvas c,Board[] allb,Paint p){
    for (int i = 0; i < allb.length; i++) {
        if((allb[i].bx + Tools.offx + allb[i].addx) > 120
```

```
                && allb[i].bx + Tools.offx < 360
                    && (allb[i].by + Tools.offy) < 330
                        && (allb[i].by + Tools.offy + 15) > -10){
            if(allb[i].style == 2){
                Tools.setClip(c,allb[i].bx+Tools.offx, allb[i].by+
Tools.offy, allb[i].addx, 14);
                c.drawBitmap(GameView.imggameBoard,
allb[i].bxC+ Tools.offx, allb[i].by + Tools.offy - GameView.tmpT*20, p);
                Tools.resetClip(c);


            }
            else if(allb[i].style == 3){
                Tools.setClip(c,allb[i].bx+Tools.offx, allb[i].by+
Tools.offy, allb[i].addx, 14);
                c.drawBitmap(GameView.imggameBoard,
allb[i].bxR+ Tools.offx, allb[i].by + Tools.offy - GameView.tmpT*20, p);
                Tools.resetClip(c);
            }
            else{
                Tools.setClip(c,allb[i].bx+Tools.offx, allb[i].by+
Tools.offy, allb[i].addx, 14);
                c.drawBitmap(GameView.imggameBoard,
allb[i].bx+ Tools.offx, allb[i].by + Tools.offy - GameView.tmpT*20, p);
                Tools.resetClip(c);
            }
            if(allb[i].style == 4 && allb[i].speed == 3){
                Tools.setClip(c,allb[i].bx + 120+Tools.offx, allb
[i].by + Tools.offy, allb[i].addx, 14);
                c.drawBitmap(GameView.imggameBoard,
allb[i].bx + 120+Tools.offx, allb[i].by + Tools.offy - GameView.tmpT*20, p);
                Tools.resetClip(c);
                Tools.setClip(c,allb[i].bx + 240+Tools.offx,
allb [i].by + Tools.offy, allb[i].addx, 14);
                c.drawBitmap(GameView.imggameBoard, allb[i].bx +
240+Tools.offx, allb[i].by + Tools.offy - GameView.tmpT*20, p);
                Tools.resetClip(c);
            }
        }
    }
}
/**
* 检测人物与木板的碰撞
```

```
 * @param h
 * @param allb
 */
public static void checkHeroAndBoard(Hero h,Board[] allb){
    for(int i = 0 ; i < allb.length ; i++) {
        if(allb[i].addx > 0){
        if(allb[i].style == 6){
            if((allb[i].by - h.hero_y <= 32) &&
                (allb[i].by - h.hero_y >= 19)) {
                if((allb[i].bx < (h.hero_x + 24)) &&
                    ((allb[i].bx + allb[i].addx) > (h.hero_x + 8))){
                    h.hero_y += allb[i].speed;
                    h.onBonus = allb[i].by;
                    h.isStandBorad = true;
                    break;
                }
            }
        }else{
            if((allb[i].by - h.hero_y <= 32) &&
                (allb[i].by - h.hero_y >= 21)) {
                if((allb[i].bx < (h.hero_x + 24)) &&
                        ((allb[i].bx + allb[i].addx) > (h.hero_x + 8)))
{
                    if(allb[i].style == 5){
                        h.hero_x += allb[i].speed;
                    }
                    h.onBonus = allb[i].by;
                    h.isStandBorad = true;
                    break;
                }
            }
        }
        }
        h.isStandBorad = false;
    }
}

/**
 * 让所有的模板都移动
 * @param allb
 */
public static void moveAllBoard(Board[] allb){
```

```java
    for (int i = 0; i < allb.length; i++) {
        if (allb[i].style == 1) {
            allb[i].changeByLeft();
        } else {
            if (allb[i].style == 2) {
                allb[i].changeByCenter();
            } else {
                if (allb[i].style == 3) {
                    allb[i].changeByRight();
                } else if (allb[i].style == 5) {
                    allb[i].moveLeftAndRight();
                } else if (allb[i].style == 6) {
                    allb[i].moveUpAndDown();
                }
            }
        }
    }
}
/**
 * 检测人物和 Npc 的碰撞
 * @param h      人物对象
 * @param allnnpc 对象数组
 */
public static void checkHeroAndNpc(Hero h , Npc[] alln){
    if(!h.isPower){
        for (int i = 0; i < alln.length; i++) {
            if((h.hero_x + 32) > alln[i].nx
                &&
                h.hero_x < (alln[i].nx + alln[i].nw)
                &&
                (h.hero_y + 32) > alln[i].ny
                &&
                h.hero_y < (alln[i].ny + alln[i].nh)) {

                h.hero_x -= 5;
                h.hero_y -= 5;
                h.countB = 0;
                h.isPower = true;
                Hero.life--;
            }
        }
    }
```

```java
}
/**
 * 判断人物与道具碰撞的方法
 * @param h
 * @return
 */
public static void withBonusCollision(Hero h,Bonus[] b) {
    for (int i = 0; i < b.length; i++) {
        if(b[i].bonusKind != 4 && b[i].isShow) {
            if ((h.hero_x + h.heroW) < b[i].bonusX
                || (h.hero_y + h.heroH) < b[i].bonusY
                    || (b[i].bonusX + b[i].BW) < h.hero_x
                        || (b[i].bonusY + b[i].BH) < h.hero_y) {

            }else {
                if(b[i].bonusKind == Bonus.BS_CAP) {
                    h.countB = 0;
                    h.isPower = true;
                    b[i].isShow = false;
                }else if(b[i].bonusKind == Bonus.BS_TIGER) {
                    if(Hero.life < 8) {
                        Hero.life++;
                    }
                    b[i].isShow = false;
                }else if(b[i].bonusKind == Bonus.BS_TIMER){
                    h.countZ = 0;
                    h.isPause = true;
                    b[i].isShow = false;
                }else if(b[i].bonusKind == Bonus.BS_SPEED) {
                    h.countS = 0;
                    h.isAddSpeed = true;
                    b[i].isShow = false;
                }
            }
        }
        if(b[i].bonusKind == 4) {
            if(h.isDown) {
                if (b[i].bonusY - (h.hero_y) <= 32 && b[i].bonusY -
(h.hero_y) >= 21) {
                    if((b[i].bonusX < (h.hero_x + 30))
                        && ((b[i].bonusX + 12) > (h.hero_x + 12)))
{
```

```
                                h.isJump = true;
                                h.isJumping = true;
                                h.downdistance = 0;
                                h.hero_jump_speed = 20;
                            }
                        }
                    }
                }
            }
        }
    }
    /**
     * 移动所有的npc
     * @param alln  npc 数组
     * @param allb  木板数组
     */
    public static void moveAllNpc(Npc[] alln , Board[] allb){
        for (int i = 0; i < alln.length; i++) {
            alln[i].move(allb);
        }
    }
    /**
     * 绘制所有的npc
     * @param g
     * @param alln
     */
    public static void drawAllNpc(Canvas c,Npc[] alln,Paint p){
        for (int i = 0; i < alln.length; i++) {
            if((alln[i].nx + Tools.offx + alln[i].nw) > 120
                    && (alln[i].nx + Tools.offx) < 360
                        && (alln[i].ny + Tools.offy) < 330
                            &&(alln[i].ny + Tools.offy + alln[i].nh)>-10){
            alln[i].drawNpc(c,p);
            }
        }
    }
    /**
     * 绘制道具
     * @param g
     */
    public static void drawAllBonus(Canvas c,Bonus allBonus[],Paint p) {
        for(int i = 0;i < allBonus.length;i++) {
            if((allBonus[i].bonusX + Tools.offx + allBonus[i].BW) > 120
```

```
                    && (allBonus[i].bonusX + Tools.offx) < 360
                        && (allBonus[i].bonusY + Tools.offy) < 330
                            && (allBonus[i].bonusY + Tools.offy +
allBonus [i].BH) > -10){
                if(allBonus[i].isShow) {
                    Tools.setClip(c,allBonus[i].bonusX+Tools.offx,
allBonus[i].bonusY + Tools.offy, 12, 12);
                    c.drawBitmap(GameView.imgGameDaoju,
allBonus[i]. bonusX - allBonus[i].bonusKind* 12+Tools.offx,
allBonus[i].bonusY+ Tools.offy,p);
                    Tools.resetClip(c);
                }
            }
        }
    }
    /**
     * 帮助文字
     */
    public static final String[] strHelp = {
        "               帮助",
        "",
        "移动：触屏左右按钮",
        "",
        "跳跃：触屏跳跃按钮",
        "",
        "玩家通过控制主角通",
        "",
        "过重重障碍，到达通",
        "",
        "关之门。",
        "",
        "        道具说明",
        "",
        "拾取生命，主角生命",
        "",
        "值加 1",
        "",
        "拾取加速，在 8 秒内",
        "",
        "",
        "",
        "主角移动速度增加",
```

```
        "",
        "拾取护甲, 主角在 5",
        "",
        "秒内碰到怪物不会",
        "",
        "死亡",
        "",
        "拾取定时, 所有的挡",
        "",
        "板与怪物停止移动 5 秒",
        "",
        "踩到弹簧, 主角跳跃",
        "",
        "高度增加"
    };
    /**
     * 关于文字
     */
    public static final String[] strAbout= {
        "xx 工作室出品",
        "",
        "邮箱: ",
        "",
        "xxx",
        "",
        "@qq.com",
        "",
        "感谢您使用本产品"
    };
}
```

3.3.5.8　Music 类

代码如下:

```
package com.ming.last;

import android.content.Context;
import android.media.MediaPlayer;

public class Music {
    public MediaPlayer player;//Media 对象
    public Context context;
    /**
     * 构造
```

```java
     * @param con
     */
    public Music(Context con){
        context = con;
        play();
    }
    /**
     * 加载音乐资源
     */
    public void play() {
        if (player == null) {
            player = MediaPlayer.create(context, R.raw.music);
            player.setLooping(true);
        }
    }
    /**
     * 播放音乐
     */
    public void start(){
        if(player!=null)
        {player.start();}
    }
    /**
     * 暂停音乐
     */
    public void pause(){
        if(player!=null&&player.isPlaying())
        {player.pause();}
    }
    /**
     * 中止音乐
     */
    public void stop(){
        if(player!=null&&player.isPlaying()){
            player.stop();
        }
    }
}
```

3.3.5.9　AndroidManifest.Xml 文件

代码如下：

```xml
<?xml version="1.0" encoding="utf-8"?>
<manifest   xmlns:android="http://schemas.android.com/apk/res/android"
```

```
     package="com.ming.last" android:versionCode="1"
      android:versionName= "1.0">
<application android:icon="@drawable/icon"
     android:label="@string/ app_name">
<activity android:name=".GameActivity" android:label="@string/app_
name">
     <intent-filter>
       <action android:name="android.intent.action.MAIN" />
       <category android:name="android.intent.category.LAUNCHER" />
     </intent-filter>
</activity>
</application>
<uses-sdk android:minSdkVersion="3" />
</manifest>
```

3.3.5.10 string.Xml 文件

代码如下：

```
<?xml version="1.0" encoding="utf-8"?>
<resources>
<string name="hello">Hello World, GameActivity!</string>
<string name="app_name">TanBoHu</string>
</resources>
```

第4章 《通关夺宝》游戏项目设计

4.1 项目描述

实现一款基于 Android 平台的《通关夺宝》跳跃游戏，界面如图 4-1 所示。

图 4-1

4.2 项目目标

《通关夺宝》游戏的主题是"谁通关了，我就有奖励"，是一款跳跃类的游戏，使用按键控制游戏角色，在随机生成的地图上，游戏角色不断跳跃，躲开障碍，通关后最终获得宝物。

4.3 项目实施

4.3.1 游戏构思

4.3.1.1 游戏的整体框架

该游戏的整体框架如图 4-2 所示，目录结构如图 4-3 所示。

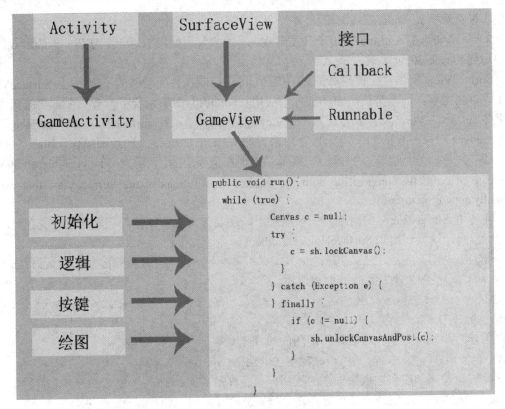

图　4-2

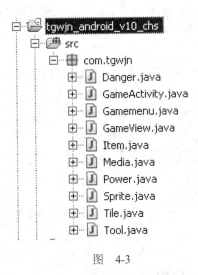

图　4-3

4.3.1.2　游戏使用到的 API

Activity 通过 setContentView(View)接口，把 UI 放到 Activity 创建的窗口上，并设置为全屏窗口。

大部分的 Activity 子类都需要实现以下两个接口：

① onCreate(Bundle)接口是初始化 Activity 的地方。这里通常可以调用 setContentView(int)，设置在资源文件中定义的 UI；使用 findViewById(int)可以获得 UI 中定义的窗口。

② onPause()接口是使用者准备离开 Activity 的地方，这里任何的修改都应该被提交（通

常用于保存数据)。

SurfaceView 在 Android 中用于开发游戏,一般来说,如果想写一个复杂一点的游戏,则必须用到 SurfaceView。

SurfaceView 提供直接访问可画图的界面,可以控制在界面顶部的子视图层。SurfaceView 用于直接画像素,而不是使用窗体部件的应用。Android 图形系统中,有一个重要的概念和线索是 surface。View 及其子类(如 TextView, Button)要画在 surface 上。每个 surface 创建一个 Canvas 对象(但属性时常改变),用来管理 view 在 surface 上的绘图操作,如画点画线。

还要注意的是,使用它的时候,一般都是出现在最顶层的,显示为:The view hierarchy will take care of correctly compositing with the Surface any siblings of the SurfaceView that would normally appear on top of it.

在使用 SurfaceView 的时候,一般情况下,还要对其进行创建,在删除或改变它时,还会进行监视,这就要用到 SurfaceHolder.Callback,命令如下:

```
class GameView extends SurfaceView implements SurfaceHolder.Callback {
//在 surface 的大小发生改变时将激发
public void surfaceChanged(SurfaceHolder holder,int format,int width,int height){}
//在创建时激发,一般在这里调用画图的线程
public void surfaceCreated(SurfaceHolder holder){}
//删除时激发,一般在这里将画图的线程停止、释放。
public void surfaceDestroyed(SurfaceHolder holder) {}
}
```

SurfaceView 用于控制表面、大小、像素等,进行游戏开发过程中,必须使用 SurfaceHolder,来处理在 Canvas 上画的效果图和动画。

代码举例如下:

```
public class BBatt extends SurfaceView implements
            SurfaceHolder.Callback, OnKeyListener {
    private BFairy bFairy;
    private DrawThread drawThread;
    public BBatt(Context context) {
        super(context);
        this.setLayoutParams(
            new ViewGroup.LayoutParams(Global.battlefieldWidth
                                     , Global.battlefieldHeight));
        this.getHolder().addCallback( this );
        this.setFocusable( true );
        this.setOnKeyListener( this );
        bFairy = new BFairy(this.getContext());
    }
    public void surfaceChanged(SurfaceHolder holder,int format
                        ,int width,int height) {
        drawThread = new DrawThread(holder);
        drawThread.start();
```

```java
}
public void surfaceDestroyed(SurfaceHolder holder) {
    if( drawThread != null ) {
        drawThread.doStop();
        while (true) try {
            drawThread.join();
            break ;
        } catch (Exception ex) {}
    }
}
public boolean onKey(View view, int keyCode, KeyEvent event) {}
}
```

　　实例：创建一个线程，在新线程中画一个蓝色的长方形。

```java
/*
 * SurfaceView 的示例程序
 * 演示其流程
 */
import android.app.Activity;
import android.content.Context;
import android.graphics.Canvas;
import android.graphics.Color;
import android.graphics.Paint;
import android.graphics.RectF;
import android.os.Bundle;
import android.view.SurfaceHolder;
import android.view.SurfaceView;
public class Test extends Activity {
    public void onCreate(Bundle savedInstanceState) {
        super.onCreate(savedInstanceState);
        setContentView(new MyView(this));
    }

    //内部类
    class MyView extends SurfaceView implements SurfaceHolder.Callback{
        SurfaceHolder holder;
public MyView(Context context) {
    super(context);
    holder = this.getHolder();//获取 holder
    holder.addCallback(this);
    setFocusable(true);   //设置触摸屏

}
```

```
@Override
public void surfaceChanged(SurfaceHolder holder, int format, int width,
    int height) {

}
@Override
public void surfaceCreated(SurfaceHolder holder) {
  new Thread(new MyThread()).start();
}
@Override
public void surfaceDestroyed(SurfaceHolder holder) {

}

//内部类的内部类
class MyThread implements Runnable{
  @Override
  public void run() {
   Canvas canvas = holder.lockCanvas(null);//获取画布
   Paint mPaint = new Paint();
   mPaint.setColor(Color.BLUE);

   canvas.drawRect(new RectF(40,60,80,80), mPaint);
   holder.unlockCanvasAndPost(canvas);//解锁画布，提交画好的图像
         }
       }
     }
}
```

　　访问 SurfaceView 的底层图形，是通过 SurfaceHolder 接口来实现的，通过 getHolder()方法，可以得到 SurfaceHolder 对象。采用 surfaceCreated(SurfaceHolder)和 surfaceDestroyed(SurfaceHolder)方法,可以知道 Surface 在窗口的显示和隐藏过程中是什么时候创建和销毁的。SurfaceView 可以在多线程中被访问。

　　注意：SurfaceView 只在 SurfaceHolder.Callback.surfaceCreated() 和 SurfaceHolder.Callback. surfaceDestroyed()调用时可用的，其他时间是得不到它的 Canvas 对象的（null）。
　　具体的访问过程如下。
　　① 创建一个 SurfaceView 的子类，实现 SurfaceHolder.Callback 接口。
　　② 得到 SurfaceView 的 SurfaceHolder 对象 holder。
　　③ holder.addCallback(callback)，也就是实现 SurfaceHolder.Callback 接口的类对象。
　　④ 在 SurfaceHolder.Callback.surfaceCreated()调用以后，holder.lockCanvas()对象就可以得到 SurfaceView 对象对应的 Canvas 对象 canvas 了。
　　⑤ 用 canvas 对象画图。

⑥ 画图结束后，调用 holder.unlockCanvasAndPost()，就把图画在窗口中了。

SurfaceView 可以多线程访问，在多线程中画图。其中，特别要注意以下的几个函数。

abstract void addCallback(SurfaceHolder.Callback callback);
// 给 SurfaceView 当前的持有者一个回调对象。

abstract Canvas lockCanvas();
// 锁定画布，一般在锁定后就可以通过其返回的画布对象 Canvas，在其上面进行画图等操作了。

abstract Canvas lockCanvas(Rect dirty);
// 重绘矩形，更新画面，会调用下面的 unlockCanvasAndPost 来改变显示内容。
// 相对部分内存要求比较高的游戏来说，可以不用重画 dirty 外的其他区域的像素，这样可以提高速度。

abstract void unlockCanvasAndPost(Canvas canvas);
// 结束锁定画图，并提交改变

举例如下：

```
class DrawThread extends Thread {
    private SurfaceHolder holder;
    private boolean running = true;
    protected DrawThread(SurfaceHolder holder) {
        this.holder = holder;
    }
    protected void doStop() {
        running = false;
    }
    public void run() {
        Canvas c = null;
        while( running ) {
            c = holder.lockCanvas(null);
            // 锁定整个画布，在内存要求比较高的情况下，建议参数不要为 null
            try {
                synchronized(holder) {
                    bGrid.drawGrid(c);//画游戏中的网格
                    BBoom.drawBooms(c, booms); //画游戏中的炸弹
                    bFairy.drawFairy(c);//画游戏中的主角
                    // 画的内容是 z 轴的，后画的会覆盖前面画的内容
                }
            } catch(Exception ex) {
            }
            finally {
                holder.unlockCanvasAndPost(c);
                //更新屏幕显示内容
            }
        }
    }
```

```
    }
}
```

Runnable 是线程接口，和 java 一样使用，这里就不多说了。

4.3.2　Activity 类的实现

GameActivity.java 文件：

```java
package com.tgwjn;

import android.app.Activity;
import android.content.pm.ActivityInfo;
import android.os.Bundle;
import android.view.Window;
import android.view.WindowManager;

/**
 * 游戏 Activity 类
 */
public class GameActivity extends Activity {

    /** Called when the activity is first created. */
    public GameView gv;

    @Override
    public void onCreate(Bundle savedInstanceState) {
        super.onCreate(savedInstanceState);

        // 设置成全屏模式
        getWindow().setFlags(WindowManager.LayoutParams.FLAG_FULLSCREEN
                    ,WindowManager.LayoutParams.FLAG_FULLSCREEN);
        // 设置横屏显示
        setRequestedOrientation(ActivityInfo.SCREEN_ORIENTATION_
LANDSCAPE);
        requestWindowFeature(Window.FEATURE_NO_TITLE);// 设置无标题
        gv = new GameView(this);
        setContentView(gv);// 设置显示界面
    }

    /**
     * 游戏程序暂停方法
     */
    @Override
```

```
protected void onPause() {
    super.onPause();
    gv.hideNotify();
}


@Override
protected void onSaveInstanceState(Bundle outState) {
    super.onSaveInstanceState(outState);

}
}
```

4.3.3 SurfaceView 类的实现

surfaceView 类的目录结构如图 4-4 所示。

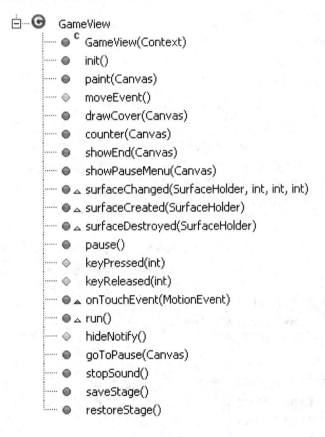

图 4-4

4.3.3.1 GameView 描述

GameView 继承了 SurfaceView 类，游戏中所有的绘制和逻辑，以及按键都会在这个类中出现。它实现了 Callback 和 Runnable 接口，代码如下：

```
public class GameView extends SurfaceView implements Callback, Runnable {
    //实现 Callback 接口，需要实现以下 3 个方法
    @Override
```

```java
public void surfaceChanged(SurfaceHolder holder, int format
                         , int width,int height) {
}

    @Override
public void surfaceCreated(SurfaceHolder holder) {
}

    @Override
public void surfaceDestroyed(SurfaceHolder holder) {
}


    //实现 Runnable 接口，需要实现以下一个方法
    public void run() {
    }
}
```

4.3.3.2　GameView 中定义的部分

代码及其解释如下：

```java
public Bitmap offscreen;
public Canvas g;
public Tool tool;
public Thread t;
public SurfaceHolder sh;
public Paint p = new Paint();
public Context context;
public Resources r;
public Vibrator vibrator;

// 手机屏幕尺寸
private static final short scrWidth = 240;
private static final short scrHeight = 320;
// 图片数组位置标识
// LOGO,数组 imgLogo
private static final short MO = 0;// 移动 MM,LOGO
private static final short Logo = 1;// 工作室 LOGO
private static final short Main = 2;// 标题画面
// 游戏元素,数组 img
private static final short BG01 = 0;// 背景画
private static final short BG02 = 1;// 背景画
private static final short TL = 2;// 地图元素
private static final short SP = 3;// 主人公老鼠
private static final short Icon01 = 4;// 时间记数图标
private static final short Icon02 = 5;// 宝石记数图标
private static final short Danger = 6;// 障碍物
```

```java
private static final short Item01 = 7;// 过关红宝石
private static final short StageClear = 8;// 过关画面
private static final short GameOver = 9;// 失败画面
private static final short Tombstone = 10;// 墓碑
private static final short Cry = 11;// 哭泣
private static final short Mouse = 12;// 母老鼠
private static final short Heart = 13;// 红心
private static final short Flash = 14;// 无敌闪光
private static final short Counter = 15;// 数字
private static final short Power = 16;// 无敌蓝宝石
private static final short Smile = 17;// 欢笑
private static final short Dead = 18;// 死亡
private static final short Web = 19;// 网
private static final short Item02 = 20;// 翻转地图宝石
private static final short End = 21;
private static final short Flower = 22;
private static final short Arrowhead = 23;
private static final short Subtitle = 24;
// 游戏进行的各阶段值
private static final short showMOLogo = 0;
private static final short showStudioLogo = 2;
private static final short GameLoad = 3;
private static final short Title = 4;
private static final short showMenu = 5;
private static final short StageChange = 6;
private static final short inGame = 7;
private static final short StageOver = 8;
private static final short GameEnd = 9;

private Gamemenu gm;// 游戏菜单对象
private Random rad; // 游戏中随机对象

private Media sMenu, sGet, sDead, sWin, sLost;

public final int offx = 120;
public boolean mPause = false;

public int mouse3_x = 0;
public int mmouse_x = scrWidth - 16;
public int mouse3_nowFrame = 0;
public int mmouse_nowFrame = 0;
public boolean xin_a = false;
```

```java
public int xin_nowFrame = 0;
public int xin_x = scrWidth / 2 - 8;
public int xin_y = scrHeight - 30;

private Bitmap[] img, imgLogo, imgMenu, imgButton, imgItems;
private Sprite sp;
private Tile tl;
private Item item01, item02;
private Danger danger;
private Power power;
private int dx, dy;
public static int step;
private int delay, stage = 0, spSpeed1, jumpHeight1;
private int ground = -1, sky = -1, lastG = -1, lastS = -1;
private int run_rate = 50, time;
private long time0, time1;
// 游戏阶段
private boolean goL = false, goR = false, goU = false, result,
    alive = false, sound, Pause = false;
private int jump, dataTotalSize, percent = 0, PauseOption = 0;
private short mapRev;
int collideTag[] = { 1, 2 };
public int[] idLogo={R.drawable.logo0, R.drawable.logo2
                ,R.drawable.logo3 };
public int[] idMain = { R.drawable.main0, R.drawable.main1,
    R.drawable.main2, R.drawable.main3, R.drawable.main4,
    R.drawable.main5, R.drawable.main6, R.drawable.main7,
    R.drawable.main8, R.drawable.main9, R.drawable.main10,
    R.drawable.main11,R.drawable.main12,R.drawable.main13,
    R.drawable.main14,R.drawable.main15,R.drawable.main16,
    R.drawable.main17,R.drawable.main18,R.drawable.main19,
    R.drawable.main20,R.drawable.main21,R.drawable.main22,
    R.drawable.main23,R.drawable.main24,R.drawable.main25 };
public int[] idMenu = { R.drawable.menu0, R.drawable.menu1,
    R.drawable.menu2, R.drawable.menu3, R.drawable.menu4,
    R.drawable.menu5, R.drawable.menu6, R.drawable.menu7,
    R.drawable.menu8, R.drawable.menu9, R.drawable.menu10,
    R.drawable.menu11,R.drawable.menu12,R.drawable.menu13 };
public int[] idButton = { android.R.drawable.ic_menu_more,
    android.R.drawable.ic_menu_more,android.R.drawable.ic_menu_more,
    android.R.drawable.ic_menu_more,
```

```
        android.R.drawable.button_onoff_indicator_on,
        android.R.drawable.button_onoff_indicator_on,
        android.R.drawable.button_onoff_indicator_off };
```

4.3.3.3　GameView 的构造函数

代码如下：

```java
public GameView(Context context) {
    super(context);
    this.context = context;
    tool = new Tool(context);
    sh = getHolder(); // 获取 Holder
    sh.addCallback(this); // 添加回调
    setFocusable(true); // 添加触摸焦点
    r = getResources();
    for (int i = 0; i < idMain.length; i++) {
        try {
            dataTotalSize+=r.openRawResource(idMain[i]).available();
        } catch (NotFoundException e) {
            e.printStackTrace();
        } catch (IOException e) {
            e.printStackTrace();
        }
    }
    for (int i = 0; i < idMenu.length; i++) {
        try {
            dataTotalSize+=r.openRawResource(idMenu[i]).available();
        } catch (NotFoundException e) {
            e.printStackTrace();
        } catch (IOException e) {
            e.printStackTrace();
        }
    }
    try {
        dataTotalSize+=r.openRawResource(R.raw.dead).available();
        dataTotalSize+=r.openRawResource(R.raw.item01).available();
        dataTotalSize+=r.openRawResource(R.raw.lost).available();
        dataTotalSize+=r.openRawResource(R.raw.menu).available();
        dataTotalSize+=r.openRawResource(R.raw.win).available();
    } catch (NotFoundException e) {
        e.printStackTrace();
    } catch (IOException e) {
        e.printStackTrace();
```

```
    }
    offscreen=Bitmap.createBitmap(scrWidth,scrHeight,Config.ARGB_8888);
    g = new Canvas(offscreen);
    rad = new Random();
    step = 0;
    time = 0;
    img = new Bitmap[26];
    imgLogo = new Bitmap[4];
    imgMenu = new Bitmap[14];
    delay = 0;
    jump = 0;
    spSpeed1 = 275;
    jumpHeight1 = 1100;
    imgLogo = tool.createBmp(idLogo, idLogo.length);
    imgButton = tool.createBmp(idButton, idButton.length);
    Matrix matrix = new Matrix();
    matrix.postRotate(90);
    imgButton[2] = Bitmap.createBitmap(imgButton[2], 0, 0, 48, 48
                            , matrix, true);
    matrix.postRotate(90);
    imgButton[0] = Bitmap.createBitmap(imgButton[0], 0, 0, 48, 48
                            , matrix, true);
    matrix.postRotate(90);
    imgButton[3] = Bitmap.createBitmap(imgButton[3], 0, 0, 48, 48
                            , matrix, true);
    t = new Thread(this);
    t.start();
}
```

4.3.3.4　游戏初始化部分
代码如下:

```
public void init() {
    switch (stage) {
    case 1://初始化每关地图数据，存入向量中
    time = 700;
    t1.setMapData(new int[][] { { 0, 0, 0, 0, 0, 0, 0, 0, 0, 0, 0 },
            { 0, 0, 0, 0, 0, 0, 0, 0, 0, 0, 0 },
            { 0, 0, 0, 0, 0, 0, 0, 0, 0, 0, 0 },
            { 0, 0, 1, 0, 0, 1, 0, 0, 1, 0, 0 },
            { 0, 0, 0, 0, 0, 0, 0, 0, 0, 0, 0 },
            { 0, 0, 0, 0, 0, 0, 0, 0, 0, 0, 1 },
            { 0, 0, 0, 0, 0, 0, 0, 0, 0, 0, 0 },
```

```
            { 0, 0, 0, 0, 1, 1, 0, 0, 1, 1, 0 },
            { 0, 0, 0, 0, 0, 0, 0, 0, 0, 0, 0 },
            { 0, 0, 0, 1, 1, 0, 0, 0, 0, 0, 0 },
            { 0, 0, 0, 0, 0, 0, 0, 0, 0, 0, 0 },
            { 0, 0, 1, 1, 0, 0, 0, 0, 0, 0, 0 },
            { 0, 0, 0, 0, 0, 0, 0, 0, 0, 0, 0 } });
danger.setVector(new int[] {});
item01.setVector(new int[] { 1, 6, 10, 71, 75, 92, 113 });
power.setVector(new int[] {});
item02.setVector(new int[] {});
break;
case 2://初始化每关地图数据，存入向量中
    time = 800;
    tl.setMapData(new int[][] { { 0, 0, 0, 0, 0, 0, 0, 0, 0, 0, 0 },
        { 0, 0, 0, 0, 0, 0, 0, 0, 0, 0, 1 },
        { 0, 0, 0, 1, 0, 0, 0, 0, 0, 0, 0 },
        { 0, 1, 0, 0, 0, 1, 0, 0, 1, 0, 0 },
        { 0, 0, 0, 0, 0, 0, 0, 0, 0, 0, 0 },
        { 1, 0, 0, 0, 0, 0, 0, 0, 0, 0, 0 },
        { 0, 0, 0, 0, 0, 0, 0, 0, 0, 0, 0 },
        { 1, 1, 0, 0, 0, 1, 0, 0, 1, 1, 0 },
        { 0, 0, 0, 0, 0, 0, 0, 0, 0, 0, 0 },
        { 0, 0, 0, 0, 0, 0, 0, 0, 0, 0, 1 },
        { 0, 0, 0, 0, 0, 0, 0, 0, 0, 0, 0 },
        { 0, 0, 1, 1, 0, 0, 1, 1, 1, 0, 0 },
        { 0, 0, 0, 0, 0, 0, 0, 0, 0, 0, 0 } });
    danger.setVector(new int[] {});
    item01.setVector(new int[] { 3, 10, 24, 27, 30, 66, 70, 74, 98,
        113, 116 });
    power.setVector(new int[] {});
    item02.setVector(new int[] {});
    break;
case 3://初始化每关地图数据，存入向量中
    time = 800;
    tl.setMapData(new int[][] { { 0, 0, 0, 0, 0, 0, 0, 0, 0, 0, 0 },
        { 0, 0, 1, 0, 0, 1, 0, 0, 0, 0, 0 },
        { 0, 0, 0, 0, 0, 0, 0, 0, 0, 0, 0 },
        { 1, 1, 1, 1, 1, 1, 1, 0, 0, 0, 1 },
        { 0, 0, 0, 0, 0, 0, 0, 0, 0, 0, 0 },
        { 0, 0, 0, 0, 0, 0, 0, 0, 1, 0, 0 },
        { 0, 0, 0, 0, 0, 0, 1, 0, 0, 0, 0 },
        { 0, 0, 0, 0, 0, 0, 0, 0, 0, 0, 0 },
```

```
            { 1, 0, 0, 0, 1, 0, 0, 1, 0, 0, 0 },
            { 0, 0, 0, 0, 0, 0, 0, 0, 0, 0, 1 },
            { 0, 0, 0, 0, 0, 0, 0, 0, 0, 0, 0 },
            { 0, 0, 0, 0, 0, 0, 0, 0, 0, 0, 1 },
            { 0, 0, 0, 0, 0, 0, 0, 0, 0, 0, 0 } });
    danger.setVector(new int[] { 135, 138 });
    item01.setVector(new int[] { 2, 5, 10, 22, 30, 44, 48, 75, 81, 111,
            114, 117 });
    power.setVector(new int[] {});
    item02.setVector(new int[] {});
    break;
case 4://初始化每关地图数据，存入向量中
    time = 500;
    tl.setMapData(new int[][] { { 0, 0, 0, 0, 0, 0, 0, 0, 0, 0, 0 },
            { 0, 0, 0, 0, 0, 0, 0, 0, 0, 0, 0 },
            { 0, 0, 0, 0, 0, 0, 1, 1, 1, 0, 0 },
            { 0, 0, 0, 0, 0, 1, 2, 0, 0, 0, 0 },
            { 0, 0, 0, 0, 1, 2, 2, 0, 0, 0, 0 },
            { 0, 0, 0, 0, 0, 2, 2, 0, 0, 0, 0 },
            { 0, 0, 0, 0, 1, 2, 2, 0, 0, 0, 0 },
            { 0, 0, 0, 0, 0, 2, 2, 0, 0, 0, 0 },
            { 0, 0, 0, 0, 1, 2, 2, 0, 0, 0, 0 },
            { 0, 0, 0, 0, 0, 2, 2, 0, 0, 0, 0 },
            { 0, 0, 0, 0, 1, 2, 2, 0, 0, 0, 0 },
            { 0, 0, 0, 1, 2, 2, 2, 0, 0, 0, 0 },
            { 0, 0, 1, 2, 2, 2, 2, 0, 0, 0, 0 } });
    danger.setVector(new int[] { 139, 140, 141, 142 });
    item01.setVector(new int[] { 2, 52, 64, 74, 86, 96, 108 });
    power.setVector(new int[] {});
    item02.setVector(new int[] {});
    break;
case 5://初始化每关地图数据，存入向量中
    time = 300;
    tl.setMapData(new int[][] { { 0, 0, 0, 0, 0, 2, 0, 0, 0, 0, 0 },
            { 0, 0, 1, 0, 0, 2, 0, 0, 1, 0, 0 },
            { 0, 0, 0, 1, 0, 2, 0, 1, 0, 0, 0 },
            { 0, 0, 0, 0, 1, 2, 1, 0, 0, 0, 0 },
            { 0, 0, 0, 0, 0, 1, 0, 0, 0, 0, 0 },
            { 0, 0, 0, 0, 0, 0, 0, 0, 0, 0, 0 },
            { 0, 0, 0, 0, 0, 0, 0, 0, 0, 0, 0 },
            { 0, 0, 0, 0, 0, 0, 0, 0, 0, 0, 0 },
            { 0, 0, 0, 0, 0, 0, 0, 0, 0, 0, 0 },
```

```
        { 1, 1, 0, 0, 0, 0, 0, 1, 0, 0, 0 },
        { 0, 0, 1, 0, 0, 0, 0, 2, 0, 0, 0 },
        { 0, 0, 0, 1, 0, 0, 0, 2, 0, 0, 0 },
        { 0, 0, 0, 0, 0, 0, 0, 2, 0, 0, 0 } });
danger.setVector(new int[] {});
item01.setVector(new int[] { 24, 30, 36, 40, 48, 50, 60, 141 });
power.setVector(new int[] {});
item02.setVector(new int[] { 10, 88 });
break;
case 6://初始化每关地图数据，存入向量中
time = 900;
tl.setMapData(new int[][] { { 0, 0, 0, 0, 0, 0, 1, 0, 1, 0, 1 },
        { 0, 0, 0, 0, 0, 0, 0, 0, 0, 0, 0 },
        { 0, 0, 0, 0, 0, 0, 1, 0, 1, 0, 1 },
        { 0, 0, 0, 1, 1, 1, 2, 1, 2, 1, 2 },
        { 0, 0, 0, 0, 0, 0, 0, 0, 0, 0, 0 },
        { 1, 0, 0, 0, 0, 0, 0, 0, 1, 0, 0 },
        { 0, 0, 0, 0, 0, 0, 0, 0, 2, 0, 0 },
        { 0, 0, 0, 1, 1, 1, 1, 1, 1, 2, 1 },
        { 0, 0, 0, 0, 0, 0, 0, 0, 0, 0, 0 },
        { 1, 0, 0, 0, 0, 0, 0, 0, 0, 1, 0 },
        { 0, 0, 0, 0, 0, 0, 0, 0, 0, 2, 0 },
        { 0, 0, 0, 1, 1, 1, 1, 1, 1, 2, 1 },
        { 0, 0, 0, 0, 0, 0, 0, 0, 0, 2, 2 } });
danger.setVector(new int[] { 4, 15, 26, 48, 59, 70, 92, 103, 114,
        136 });
item01.setVector(new int[] { 5, 7, 9, 17, 19, 21, 27, 29, 31, 54,
        65, 76, 98, 109, 120, 140 });
power.setVector(new int[] { 1, 44, 52, 88, 96, 135 });
item02.setVector(new int[] {});
break;
case 7://初始化每关地图数据，存入向量中
time = 600;
tl.setMapData(new int[][] { { 0, 0, 0, 0, 0, 0, 0, 0, 0, 0, 0 },
        { 3, 3, 3, 3, 3, 3, 3, 3, 3, 3, 3 },
        { 3, 3, 3, 3, 3, 3, 3, 3, 3, 3, 3 },
        { 0, 0, 0, 0, 0, 0, 0, 0, 0, 0, 3 },
        { 1, 1, 1, 1, 1, 1, 1, 1, 1, 1, 3 },
        { 0, 0, 0, 0, 0, 0, 0, 0, 0, 0, 3 },
        { 0, 0, 0, 0, 0, 0, 0, 0, 0, 0, 3 },
        { 0, 0, 0, 0, 0, 3, 1, 1, 1, 1, 1 },
        { 0, 0, 0, 0, 0, 3, 0, 0, 0, 0, 0 },
```

```java
                { 0, 0, 0, 0, 0, 3, 0, 0, 0, 0, 0 },
                { 0, 0, 3, 1, 1, 0, 0, 0, 0, 0, 0 },
                { 0, 0, 3, 0, 0, 0, 0, 0, 0, 0, 0 },
                { 0, 0, 3, 0, 0, 0, 0, 0, 0, 0, 0 } });
danger
        .setVector(new int[] { 33, 34, 35, 36, 37, 38, 39, 40, 41,
                42 });
item01.setVector(new int[] { 11, 15, 19, 24, 28, 74, 103 });
power.setVector(new int[] {});
item02.setVector(new int[] {});
break;
case 8://初始化每关地图数据，存入向量中
time = 800;
tl.setMapData(new int[][] { { 0, 0, 0, 0, 0, 0, 0, 0, 0, 0, 0 },
        { 0, 0, 0, 0, 0, 0, 0, 0, 0, 0, 0 },
        { 0, 1, 1, 1, 1, 1, 1, 0, 0, 0, 1 },
        { 0, 0, 2, 2, 2, 0, 0, 0, 0, 0, 0 },
        { 0, 1, 2, 2, 2, 0, 0, 0, 0, 0, 1 },
        { 0, 0, 2, 2, 2, 0, 0, 0, 0, 0, 0 },
        { 0, 1, 2, 2, 2, 0, 0, 0, 0, 0, 1 },
        { 0, 0, 0, 0, 2, 0, 0, 0, 0, 0, 0 },
        { 1, 1, 1, 0, 2, 0, 0, 0, 0, 0, 1 },
        { 2, 2, 0, 0, 2, 0, 0, 0, 0, 0, 0 },
        { 2, 0, 0, 1, 2, 0, 0, 0, 0, 0, 1 },
        { 0, 0, 1, 2, 2, 0, 0, 0, 0, 0, 0 },
        { 0, 1, 2, 2, 2, 0, 0, 1, 0, 0, 0 } });
danger.setVector(new int[] { 137, 138, 140, 141, 142 });
item01.setVector(new int[] { 2, 4, 6, 10, 21, 40, 43, 72, 65, 93,
        87, 109, 128 });
power.setVector(new int[] {});
item02.setVector(new int[] {});
break;
case 9://初始化每关地图数据，存入向量中
time = 800;
tl.setMapData(new int[][] { { 0, 0, 0, 0, 0, 0, 0, 0, 0, 0, 0 },
        { 0, 0, 0, 0, 0, 0, 0, 0, 0, 0, 0 },
        { 0, 0, 0, 0, 1, 1, 0, 0, 0, 0, 0 },
        { 0, 1, 0, 0, 0, 0, 0, 0, 0, 0, 1 },
        { 0, 0, 0, 0, 0, 0, 0, 0, 0, 0, 0 },
        { 1, 0, 0, 0, 0, 0, 0, 0, 0, 0, 1 },
        { 0, 0, 0, 0, 1, 0, 0, 1, 0, 0, 0 },
        { 0, 1, 0, 0, 0, 0, 0, 0, 0, 0, 1 },
```

```
        { 0, 0, 0, 0, 0, 0, 0, 0, 0, 0, 0 },
        { 0, 0, 0, 0, 0, 0, 0, 0, 0, 1, 0 },
        { 0, 1, 0, 1, 0, 0, 1, 0, 0, 0, 0 },
        { 0, 0, 0, 0, 0, 0, 0, 0, 0, 0, 0 },
        { 0, 1, 0, 0, 0, 0, 0, 0, 0, 0, 0 } });
danger.setVector(new int[] { 134, 135, 136, 137, 138, 139, 140,
        141, 142 });
item01.setVector(new int[] { 4, 6, 7, 10, 49, 50, 52, 54, 57, 58,
        76, 85, 90, 92, 93, 95 });
power.setVector(new int[] {});
item02.setVector(new int[] {});
break;
case 10://初始化每关地图数据，存入向量中
time = 600;
tl.setMapData(new int[][] { { 0, 0, 0, 0, 0, 0, 0, 0, 0, 0, 0 },
        { 0, 0, 0, 0, 0, 0, 0, 0, 0, 0, 0 },
        { 0, 0, 0, 0, 0, 0, 0, 0, 0, 0, 0 },
        { 0, 0, 1, 0, 0, 1, 0, 0, 0, 0, 0 },
        { 0, 0, 0, 0, 0, 2, 0, 0, 0, 0, 0 },
        { 0, 0, 0, 0, 1, 2, 1, 0, 0, 0, 0 },
        { 0, 0, 0, 0, 2, 2, 2, 0, 0, 0, 0 },
        { 0, 0, 0, 1, 2, 2, 2, 1, 0, 0, 0 },
        { 0, 0, 0, 2, 2, 2, 2, 2, 0, 0, 0 },
        { 0, 0, 1, 2, 2, 2, 2, 2, 1, 0, 0 },
        { 0, 0, 2, 2, 2, 2, 2, 2, 2, 0, 0 },
        { 0, 1, 2, 2, 2, 2, 2, 2, 2, 1, 0 },
        { 0, 2, 2, 2, 2, 2, 2, 2, 2, 2, 0 } });
danger.setVector(new int[] { 27, 50, 73, 96, 119 });
item01.setVector(new int[] { 142 });
power.setVector(new int[] { 33 });
item02.setVector(new int[] {});
break;
case 11://初始化每关地图数据，存入向量中
time = 800;
tl.setMapData(new int[][] { { 0, 0, 0, 0, 0, 0, 0, 0, 0, 0, 0 },
        { 0, 0, 0, 0, 0, 0, 0, 0, 0, 0, 0 },
        { 0, 0, 0, 0, 0, 1, 1, 1, 1, 0, 0 },
        { 0, 0, 0, 1, 1, 2, 2, 0, 0, 0, 0 },
        { 0, 1, 1, 2, 0, 0, 0, 0, 0, 0, 0 },
        { 0, 0, 2, 0, 0, 0, 0, 0, 0, 0, 1 },
        { 1, 0, 2, 0, 0, 0, 0, 0, 0, 1, 2 },
        { 0, 0, 2, 0, 0, 0, 0, 1, 1, 2, 0 },
```

```java
        { 0, 1, 2, 0, 0, 1, 1, 2, 0, 0, 0 },
        { 0, 0, 2, 0, 1, 0, 0, 0, 0, 0, 1 },
        { 1, 0, 2, 0, 0, 0, 0, 0, 0, 0, 0 },
        { 0, 0, 2, 0, 0, 0, 0, 0, 0, 0, 1 },
        { 0, 1, 2, 0, 1, 0, 0, 1, 0, 0, 0 } });
danger.setVector(new int[] { 26, 35, 74, 83, 92, 135, 137, 138,
        140, 141, 142 });
item01
        .setVector(new int[] { 2, 6, 21, 11, 41, 50, 59, 87, 106,
            113 });
power.setVector(new int[] {});
item02.setVector(new int[] {});
break;
case 12://初始化每关地图数据，存入向量中
time = 700;
tl.setMapData(new int[][] { { 0, 0, 0, 2, 0, 0, 0, 0, 0, 0, 0 },
        { 0, 0, 0, 2, 0, 0, 0, 1, 0, 0, 0 },
        { 1, 0, 0, 2, 0, 0, 0, 2, 1, 0, 0 },
        { 0, 0, 0, 2, 0, 0, 0, 2, 0, 0, 1 },
        { 0, 1, 0, 2, 0, 0, 0, 2, 0, 0, 0 },
        { 0, 0, 0, 2, 0, 0, 0, 2, 1, 0, 0 },
        { 1, 0, 0, 2, 0, 0, 0, 2, 0, 0, 1 },
        { 0, 0, 0, 2, 0, 0, 0, 2, 0, 0, 0 },
        { 0, 1, 0, 2, 0, 0, 0, 2, 1, 0, 0 },
        { 0, 0, 0, 0, 0, 0, 0, 2, 2, 0, 1 },
        { 1, 1, 1, 1, 1, 1, 1, 2, 2, 0, 0 },
        { 0, 0, 0, 0, 0, 0, 0, 0, 0, 1, 0 },
        { 0, 0, 0, 0, 0, 0, 0, 0, 0, 0, 0 } });
danger
        .setVector(new int[] { 39, 103, 104, 105, 122, 124, 126,
            128 });
item01
        .setVector(new int[] { 2, 11, 41, 46, 74, 123, 125, 127,
            129 });
power.setVector(new int[] { 72 });
item02.setVector(new int[] {});
break;
case 13://初始化每关地图数据，存入向量中
time = 900;
tl.setMapData(new int[][] { { 0, 0, 0, 0, 0, 0, 0, 0, 0, 0, 0 },
        { 0, 0, 0, 0, 0, 0, 1, 1, 1, 1, 0 },
        { 0, 0, 1, 0, 0, 0, 2, 0, 0, 0, 0 },
```

```java
                { 0, 0, 0, 0, 0, 1, 2, 0, 0, 0, 0 },
                { 0, 0, 0, 0, 0, 2, 0, 0, 0, 0, 0 },
                { 1, 0, 0, 0, 1, 2, 0, 0, 0, 0, 0 },
                { 0, 0, 0, 0, 2, 0, 0, 0, 0, 0, 0 },
                { 0, 0, 0, 1, 2, 0, 0, 0, 0, 0, 0 },
                { 0, 0, 0, 2, 2, 1, 1, 1, 1, 1, 0 },
                { 0, 0, 1, 2, 0, 0, 0, 0, 0, 0, 0 },
                { 0, 0, 2, 0, 0, 0, 0, 0, 0, 0, 0 },
                { 0, 1, 2, 0, 0, 0, 0, 0, 0, 0, 0 },
                { 0, 2, 2, 0, 0, 0, 0, 0, 0, 0, 0 } });
danger.setVector(new int[] { 52, 53, 72, 127, 130, 135 });
item01.setVector(new int[] { 13, 27, 44, 48, 50, 69, 71, 90, 105,
        108, 111, 113 });
power.setVector(new int[] {});
item02.setVector(new int[] {});
break;
case 14://初始化每关地图数据，存入向量中
time = 700;
tl.setMapData(new int[][] { { 0, 0, 0, 0, 0, 0, 0, 0, 0, 0, 0 },
        { 0, 0, 0, 0, 0, 0, 0, 0, 0, 0, 0 },
        { 0, 0, 0, 0, 0, 0, 0, 0, 0, 0, 0 },
        { 0, 0, 0, 0, 0, 0, 0, 0, 0, 0, 0 },
        { 0, 1, 1, 1, 1, 1, 1, 1, 1, 1, 1 },
        { 0, 0, 0, 0, 0, 0, 0, 0, 0, 0, 0 },
        { 1, 0, 0, 0, 0, 0, 0, 0, 0, 0, 0 },
        { 2, 0, 0, 0, 0, 0, 0, 0, 0, 0, 0 },
        { 2, 1, 1, 1, 1, 1, 1, 1, 1, 1, 0 },
        { 0, 0, 0, 0, 0, 0, 0, 0, 0, 0, 0 },
        { 0, 0, 0, 0, 0, 0, 0, 0, 0, 0, 1 },
        { 0, 0, 0, 0, 0, 0, 0, 0, 0, 0, 0 },
        { 0, 1, 0, 0, 1, 0, 0, 1, 0, 0, 1 } });
danger.setVector(new int[] { 12, 16, 20, 36, 40, 57, 60, 63, 134,
        135, 137, 138, 140, 141 });
item01.setVector(new int[] { 10, 38, 58, 59, 61, 62, 64, 65, 100,
        103, 106 });
power.setVector(new int[] {});
item02.setVector(new int[] {});
break;
case 15://初始化每关地图数据，存入向量中
time = 700;
tl.setMapData(new int[][] { { 2, 0, 2, 0, 0, 2, 0, 0, 0, 0, 0 },
        { 2, 0, 1, 0, 0, 2, 0, 0, 0, 0, 0 },
```

```
                    { 2, 0, 0, 0, 0, 2, 0, 0, 0, 0, 0 },
                    { 2, 0, 1, 0, 0, 2, 0, 0, 0, 0, 0 },
                    { 2, 0, 2, 0, 0, 2, 0, 0, 0, 0, 0 },
                    { 2, 0, 2, 0, 0, 1, 1, 1, 0, 1, 1 },
                    { 2, 0, 2, 0, 0, 0, 0, 0, 0, 0, 0 },
                    { 2, 0, 2, 0, 0, 0, 0, 0, 0, 0, 0 },
                    { 2, 0, 2, 0, 0, 0, 0, 0, 0, 0, 0 },
                    { 2, 0, 2, 0, 0, 0, 0, 0, 0, 0, 0 },
                    { 2, 0, 2, 0, 0, 0, 0, 0, 0, 0, 0 },
                    { 2, 0, 2, 0, 0, 0, 0, 0, 0, 0, 0 },
                    { 0, 0, 2, 0, 0, 0, 0, 0, 0, 0, 0 } });
    danger.setVector(new int[] { 1, 3, 4, 72, 85, 91, 115, 126, 128,
        137 });
    item01.setVector(new int[] { 50, 54, 136, 139, 142 });
    power.setVector(new int[] {});
    item02.setVector(new int[] { 8, 14, 73, 111, 135, 141 });
    break;
    case 16://初始化每关地图数据，存入向量中
    time = 700;
    tl.setMapData(new int[][] { { 0, 0, 0, 0, 0, 0, 0, 0, 0, 0, 0 },
            { 0, 0, 0, 1, 0, 1, 0, 0, 1, 0, 0 },
            { 0, 0, 0, 0, 0, 0, 0, 0, 0, 0, 0 },
            { 0, 1, 0, 0, 0, 0, 1, 0, 0, 0, 1 },
            { 0, 0, 0, 0, 0, 0, 0, 0, 0, 0, 0 },
            { 0, 0, 0, 1, 0, 1, 0, 0, 1, 0, 0 },
            { 0, 0, 0, 0, 0, 0, 0, 0, 0, 0, 0 },
            { 0, 1, 0, 0, 0, 0, 1, 0, 0, 0, 1 },
            { 0, 0, 0, 0, 0, 0, 0, 0, 0, 0, 0 },
            { 0, 0, 0, 1, 0, 1, 0, 0, 1, 0, 0 },
            { 0, 0, 0, 0, 0, 0, 0, 0, 0, 0, 0 },
            { 0, 1, 0, 0, 0, 0, 1, 0, 0, 0, 1 },
            { 0, 0, 0, 0, 0, 0, 0, 0, 0, 0, 0 } });
    danger.setVector(new int[] { 0, 11, 22, 33, 44, 55, 66, 77, 88, 99,
        110, 121, 4, 15, 26, 37, 48, 59, 70, 81, 92, 103, 114, 125,
        7, 18, 29, 40, 51, 62, 73, 84, 95, 106, 117, 128, 30, 74,
        118, 10, 54, 98 });
    item01.setVector(new int[] { 3, 5, 8 });
    power.setVector(new int[] {});
    item02.setVector(new int[] {});
    break;
    case 17://初始化每关地图数据，存入向量中
    time = 800;
```

```
tl.setMapData(new int[][] { { 0, 0, 0, 0, 0, 0, 0, 0, 0, 0, 0 },
        { 0, 0, 0, 0, 0, 0, 0, 0, 0, 0, 0 },
        { 0, 0, 3, 0, 0, 0, 0, 0, 3, 0, 3 },
        { 0, 0, 0, 0, 0, 0, 0, 3, 0, 0, 0 },
        { 0, 0, 3, 0, 0, 0, 3, 0, 0, 0, 3 },
        { 0, 0, 0, 3, 0, 3, 0, 0, 0, 0, 0 },
        { 0, 0, 0, 0, 0, 0, 0, 0, 0, 0, 3 },
        { 0, 0, 0, 0, 0, 0, 0, 0, 0, 0, 0 },
        { 0, 0, 0, 0, 0, 0, 0, 0, 3, 0, 3 },
        { 0, 0, 0, 0, 0, 0, 0, 3, 0, 0, 0 },
        { 0, 0, 0, 3, 0, 0, 3, 0, 0, 0, 0 },
        { 0, 0, 3, 0, 3, 3, 0, 0, 0, 0, 0 },
        { 0, 0, 0, 0, 0, 0, 0, 0, 0, 0, 0 } });
danger.setVector(new int[] { 11, 21, 31, 33, 41, 43, 51, 55, 61,
        69, 65, 71, 77, 87, 97, 112, 114, 124, 138, 139, 140, 141,
        142 });
item01
        .setVector(new int[] { 10, 15, 22, 44, 66, 88, 91, 101, 103 });
power.setVector(new int[] { 1, 73, 122 });
item02.setVector(new int[] {});
break;
case 18://初始化每关地图数据, 存入向量中
time = 900;
tl.setMapData(new int[][] { { 0, 0, 0, 0, 0, 0, 0, 0, 0, 0, 0 },
        { 0, 0, 0, 0, 0, 0, 0, 0, 0, 0, 0 },
        { 0, 0, 0, 1, 0, 0, 0, 1, 0, 0, 0 },
        { 0, 0, 0, 0, 0, 1, 0, 0, 0, 0, 0 },
        { 0, 0, 0, 0, 0, 0, 0, 0, 0, 0, 0 },
        { 0, 0, 0, 0, 0, 1, 0, 0, 0, 0, 0 },
        { 0, 1, 0, 0, 0, 0, 0, 0, 1, 0 },
        { 0, 0, 0, 0, 0, 1, 0, 0, 0, 0, 0 },
        { 0, 0, 0, 0, 0, 0, 0, 0, 0, 0, 0 },
        { 0, 0, 0, 0, 0, 1, 0, 0, 0, 0, 0 },
        { 0, 1, 0, 0, 0, 0, 0, 0, 0, 1, 0 },
        { 0, 0, 0, 0, 0, 1, 0, 0, 0, 0, 0 },
        { 0, 0, 0, 0, 0, 0, 0, 0, 0, 0, 0 } });
danger.setVector(new int[] { 5, 46, 52, 55, 65, 99, 109 });
item01.setVector(new int[] { 33, 43, 77, 87, 100, 108 });
power.setVector(new int[] {});
item02.setVector(new int[] {});
break;
```

```
case 19://初始化每关地图数据，存入向量中
time = 1200;
tl.setMapData(new int[][] { { 0, 0, 0, 0, 0, 0, 0, 0, 0, 0, 0 },
        { 0, 0, 0, 0, 0, 0, 0, 0, 0, 0, 0 },
        { 0, 0, 0, 0, 0, 0, 0, 0, 0, 0, 0 },
        { 0, 0, 0, 0, 0, 0, 0, 0, 0, 0, 0 },
        { 0, 0, 1, 0, 0, 0, 0, 0, 0, 0, 0 },
        { 0, 1, 0, 0, 0, 0, 0, 0, 0, 1, 0 },
        { 1, 0, 0, 0, 0, 0, 0, 1, 0, 1, 1 },
        { 0, 1, 0, 0, 0, 0, 0, 0, 0, 0, 0 },
        { 0, 0, 1, 0, 0, 0, 0, 0, 0, 0, 0 },
        { 0, 0, 0, 0, 0, 0, 0, 0, 0, 0, 0 },
        { 0, 0, 0, 0, 0, 0, 0, 0, 0, 0, 0 },
        { 0, 0, 0, 0, 0, 0, 0, 0, 0, 0, 0 },
        { 0, 0, 0, 0, 0, 0, 0, 0, 0, 0, 0 } });
danger.setVector(new int[] { 3, 4, 5, 6, 7, 13, 19, 23, 31, 33, 43,
        71, 99, 109, 111, 119, 123, 129, 135, 136, 137, 138, 139 });
item01.setVector(new int[] { 32, 35, 45, 48, 49, 50, 55, 57, 65,
        67, 77, 79, 87, 89, 92, 93, 94, 101 });
power.setVector(new int[] { 37, 117, 121 });
item02.setVector(new int[] { 14, 16, 18, 42, 110, 118, 124, 126 });
break;
case 20://初始化每关地图数据，存入向量中
time = 900;
tl.setMapData(new int[][] { { 0, 0, 0, 0, 0, 0, 0, 0, 0, 0, 2 },
        { 0, 0, 0, 0, 0, 0, 0, 0, 0, 0, 2 },
        { 1, 0, 0, 1, 0, 1, 0, 0, 1, 0, 0 },
        { 0, 0, 0, 0, 0, 0, 1, 2, 0, 0 },
        { 1, 0, 0, 1, 0, 1, 0, 2, 2, 0, 1 },
        { 0, 0, 0, 0, 0, 0, 2, 0, 0, 2 },
        { 0, 0, 0, 0, 0, 0, 2, 1, 0, 0 },
        { 0, 0, 0, 0, 0, 0, 2, 2, 0, 0 },
        { 0, 0, 0, 0, 0, 0, 2, 0, 0, 1 },
        { 0, 0, 0, 0, 0, 0, 2, 0, 0, 0 },
        { 0, 0, 0, 0, 0, 0, 2, 1, 0, 0 },
        { 1, 0, 1, 1, 1, 1, 0, 2, 2, 0, 1 },
        { 0, 0, 2, 0, 0, 0, 0, 0, 0, 0, 0 } });
danger.setVector(new int[] { 66, 67, 68, 69, 70, 71, 72, 77, 80,
        83, 130 });
item01.setVector(new int[] { 11, 14, 16, 33, 36, 38, 88, 91, 94,
        135 });
```

```
power.setVector(new int[] { 127 });
item02.setVector(new int[] {});
break;
case 21://初始化每关地图数据，存入向量中
time = 900;
tl.setMapData(new int[][] { { 0, 0, 0, 0, 0, 0, 0, 0, 0, 0, 0 },
        { 0, 0, 0, 0, 0, 0, 0, 0, 0, 0, 0 },
        { 0, 0, 0, 0, 0, 0, 0, 0, 0, 0, 0 },
        { 0, 0, 0, 0, 0, 0, 0, 0, 0, 0, 0 },
        { 0, 1, 1, 1, 1, 1, 1, 1, 1, 1, 1 },
        { 0, 0, 0, 0, 0, 0, 0, 0, 0, 0, 0 },
        { 1, 0, 0, 0, 0, 0, 0, 0, 0, 0, 0 },
        { 2, 0, 0, 0, 0, 0, 0, 0, 0, 0, 0 },
        { 2, 1, 1, 1, 1, 1, 1, 1, 1, 0, 0 },
        { 0, 0, 0, 0, 0, 0, 0, 0, 0, 0, 1 },
        { 0, 0, 0, 0, 0, 0, 0, 0, 0, 0, 0 },
        { 0, 0, 0, 0, 0, 0, 0, 0, 0, 0, 1 },
        { 0, 0, 0, 0, 0, 0, 0, 0, 0, 0, 2 } });
danger.setVector(new int[] { 1, 3, 5, 7, 9, 67, 68, 69, 70, 71, 72,
        73, 74, 134, 136, 138, 140 });
item01.setVector(new int[] { 2, 4, 6, 8, 10, 12, 14, 16, 18, 20,
        56, 57, 58, 59, 60, 61, 62, 63, 78, 79, 80, 81, 82, 83, 84,
        85, 101, 103, 105, 107, 133, 135, 137, 139, 141 });
power.setVector(new int[] { 65 });
item02.setVector(new int[] {});
break;
case 22://初始化每关地图数据，存入向量中
time = 700;
tl.setMapData(new int[][] { { 0, 0, 0, 0, 0, 0, 0, 0, 0, 0, 0 },
        { 0, 0, 0, 0, 0, 0, 0, 0, 0, 0, 0 },
        { 0, 0, 0, 0, 0, 0, 0, 0, 0, 0, 0 },
        { 0, 0, 0, 0, 0, 0, 0, 0, 0, 0, 0 },
        { 1, 1, 1, 0, 0, 1, 0, 0, 1, 1, 1 },
        { 0, 0, 0, 0, 0, 0, 0, 0, 0, 0, 0 },
        { 0, 0, 0, 0, 0, 0, 0, 0, 0, 0, 0 },
        { 0, 1, 1, 1, 0, 0, 1, 1, 1, 1, 0 },
        { 0, 0, 1, 0, 0, 0, 0, 0, 1, 0, 0 },
        { 0, 0, 1, 0, 0, 0, 0, 0, 1, 0, 0 },
        { 0, 0, 0, 0, 0, 0, 0, 0, 0, 0, 0 },
        { 0, 0, 0, 0, 0, 0, 0, 0, 0, 0, 0 },
```

```java
                  { 0, 0, 0, 0, 0, 0, 0, 0, 0, 0, 0 } });
danger.setVector(new int[] { 1, 2, 3, 4, 5, 6, 7, 8, 9, 10, 133,
        134, 135, 136, 137, 138, 139, 140, 141, 142 });
item01.setVector(new int[] { 27, 33, 43, 112, 118, 126 });
power.setVector(new int[] {});
item02.setVector(new int[] { 13, 17, 19, 47, 71, 99 });
break;
case 23://初始化每关地图数据，存入向量中
time = 1100;
tl.setMapData(new int[][] { { 0, 0, 0, 0, 0, 0, 2, 0, 0, 0, 0 },
        { 0, 0, 0, 0, 0, 1, 2, 0, 0, 0, 0 },
        { 0, 0, 0, 0, 0, 0, 2, 0, 0, 0, 0 },
        { 0, 1, 1, 0, 0, 1, 2, 0, 1, 0, 0 },
        { 0, 0, 0, 0, 0, 0, 2, 0, 0, 0, 0 },
        { 1, 0, 0, 0, 0, 0, 2, 1, 0, 0, 0 },
        { 0, 0, 0, 0, 0, 0, 2, 0, 0, 0, 0 },
        { 1, 0, 0, 1, 1, 0, 2, 1, 0, 0, 0 },
        { 0, 0, 0, 0, 0, 0, 2, 0, 0, 0, 0 },
        { 0, 0, 0, 0, 0, 1, 2, 1, 0, 0, 0 },
        { 0, 0, 0, 0, 0, 0, 2, 0, 0, 0, 0 },
        { 0, 1, 1, 0, 0, 1, 2, 0, 1, 0, 0 },
        { 0, 0, 0, 0, 0, 0, 0, 0, 0, 0, 0 } });
danger.setVector(new int[] { 32, 36, 37, 43, 76, 78, 79, 87, 120,
        124, 125, 131, 142 });
item01
        .setVector(new int[] { 10, 21, 27, 54, 65, 66, 98, 109, 115 });
power.setVector(new int[] { 5 });
item02.setVector(new int[] {});
break;
case 24://初始化每关地图数据，存入向量中
time = 200;
tl.setMapData(new int[][] { { 0, 0, 0, 0, 0, 0, 0, 0, 0, 0, 0 },
        { 0, 0, 0, 0, 0, 0, 0, 0, 0, 0, 0 },
        { 0, 0, 0, 0, 0, 0, 0, 0, 0, 0, 0 },
        { 0, 0, 0, 0, 0, 0, 0, 0, 0, 0, 0 },
        { 0, 0, 0, 0, 0, 0, 0, 0, 0, 0, 0 },
        { 0, 0, 0, 0, 0, 0, 0, 0, 0, 0, 0 },
        { 0, 0, 0, 0, 0, 0, 0, 0, 0, 0, 0 },
        { 0, 0, 0, 0, 0, 0, 0, 0, 0, 0, 0 },
        { 0, 0, 0, 0, 0, 0, 0, 0, 0, 0, 0 },
```

```
            { 0, 0, 0, 0, 0, 0, 0, 0, 0, 0, 0 },
            { 0, 0, 0, 0, 0, 0, 0, 0, 0, 0, 0 },
            { 0, 0, 0, 0, 0, 0, 0, 0, 0, 0, 0 },
            { 0, 0, 0, 0, 0, 0, 0, 0, 0, 0, 0 } });
    danger.setVector(new int[] { 1, 2, 3, 4, 5, 6, 7, 8, 9, 10, 66, 67,
            68, 69, 70, 71, 72, 73, 75, 76, 133, 134, 135, 136, 137,
            138, 139, 140, 141, 142 });
    item01.setVector(new int[] { 11, 12, 37, 101, 107, 115 });
    power.setVector(new int[] {});
    item02.setVector(new int[] { 14, 16, 18, 31, 57, 59, 62, 74, 78,
            80, 83, 121, 123, 125, 128, 131 });
    break;
    case 25://初始化每关地图数据，存入向量中
    time = 1000;
    t1.setMapData(new int[][] { { 0, 0, 0, 2, 0, 0, 0, 2, 0, 0, 0 },
            { 0, 0, 1, 2, 0, 0, 0, 2, 3, 0, 0 },
            { 0, 0, 0, 2, 0, 0, 0, 2, 3, 0, 0 },
            { 0, 0, 1, 2, 0, 0, 0, 2, 0, 0, 0 },
            { 0, 0, 0, 2, 0, 0, 0, 2, 0, 0, 3 },
            { 1, 0, 0, 2, 0, 0, 0, 2, 0, 0, 3 },
            { 0, 0, 0, 2, 0, 0, 0, 2, 0, 0, 3 },
            { 0, 0, 1, 2, 0, 0, 0, 2, 0, 0, 3 },
            { 0, 0, 0, 2, 0, 0, 0, 2, 3, 0, 0 },
            { 0, 0, 1, 1, 0, 0, 0, 1, 3, 0, 0 },
            { 0, 0, 0, 0, 0, 0, 0, 0, 0, 0, 0 },
            { 0, 1, 0, 0, 0, 0, 0, 0, 0, 0, 0 },
            { 0, 0, 0, 0, 0, 0, 0, 0, 0, 0, 0 } });
    danger.setVector(new int[] { 4, 5, 6, 8, 26, 27, 28, 42, 43, 85,
            86, 123, 129, 133, 135, 139, 141 });
    item01.setVector(new int[] { 2, 10, 16, 39, 41, 49, 60, 70, 82, 87,
            93, 118, 134, 140 });
    power.setVector(new int[] { 1, 2, 9, 21 });
    item02.setVector(new int[] { 24, 113, 117, 126 });
    break;
    }
}
```

4.3.3.5　游戏中所有内容的绘制与绘制逻辑

代码如下：

```
public void paint(Canvas g) { // 游戏绘制及逻辑
    if (mPause) {    //暂停后处理的内容绘制
```

```
        goToPause(g);
    } else {
        p.setColor(0xff000000); //设置颜色
        p.setStyle(Style.FILL); //设置样式为填充样式
        g.drawRect(0, 0, scrWidth, scrHeight, p);//绘制矩形
        switch (step) { //判断进行阶段
        case showMOLogo:    //绘制 MobileMarket 的 logo
            delay++;
            p.setColor(0xffffffff);
            p.setStyle(Style.FILL);
            g.drawRect(0, 0, scrWidth, scrHeight, p);
            g.save();
            if (delay < 20) {
                g.clipRect(0, 0, (scrWidth / 20) * (delay + 1), scrHeight);
            }
            g.drawBitmap(imgLogo[MO], 0, 0, p);
            g.restore();
            if (delay > 40) {
                delay = 0;
                step += 2;
            }
            break;
        case showStudioLogo: //绘制游戏 logo
            drawCover(g);
            break;
        case GameLoad:   //绘制游戏进度条
            if (delay < 26) {
                try {
                img[delay] = tool.createBmp(idMain[delay]);
                percent += r.openRawResource(idMain[delay]).available()
                    * 10000 / dataTotalSize;
                } catch (Exception e) {
                    System.out.println("Image loading complete");
                }
            } else if (delay < 40) {
                try {
                    int i = delay - 26;
                    imgMenu[i] = tool.createBmp(idMenu[i]);
                    percent += r.openRawResource(idMenu[i]).available()
                            * 10000 / dataTotalSize;
                } catch (Exception e) {
```

```
              System.out.println("Image of menu loading error "+ e);
            }
    } else if (delay < 41) {
        try {
            sMenu = new Media(context, R.raw.menu, true);
            sGet = new Media(context, R.raw.item01, false);
            sDead = new Media(context, R.raw.dead, false);
            sWin = new Media(context, R.raw.win, false);
            sLost = new Media(context, R.raw.lost, false);
            percent = 10000;
        } catch (Exception e) {
            System.out.println("sound loading error " + e);
        }
    } else {
        sp = new Sprite(img[SP], img[Flash], 22, 22, 80, 192, 1);
        tl = new Tile(img[TL], img[Web], 22, 22, 11, 13);
        danger = new Danger(img[Danger], 11, 13, 22, 22);
        item01 = new Item(img[Item01], 11, 13, 22, 22);
        item02 = new Item(img[Item02], 11, 13, 22, 22);
        power = new Power(img[Power], 11, 13, 22, 22);
        System.out.println("Loading complete");
        delay = 0;
        step++;
    }
    p.setColor(0xff000000);
    p.setStyle(Style.FILL);
    g.drawRect(0, 0, scrWidth, scrHeight, p);
    p.setColor(0xffFF658D);
    p.setStyle(Style.FILL);
    g.drawRect(20,scrHeight-30,20+percent*136/10000
            ,scrHeight-30+10,p);
    p.setColor(0xff00ffff);
    String str = String.valueOf(percent / 100);
    p.setTextAlign(Align.CENTER);
    g.drawText("游戏载入中..." + str + "%", scrWidth / 2
            ,scrHeight - 50, p);
    p.setTextAlign(Align.LEFT);
    delay++;
    break;
case Title:
    if (sMenu.state == 0 && !sound) {
        sMenu.stop();
```

```
    }
    if (sMenu.state == 2 && sound) {
        sMenu.play();
    }
    g.drawBitmap(imgLogo[Main], 0, 0, p);
    if (delay > 40) {
        delay = 0;
    } else if (delay > 20) {
        p.setColor(0xffffffff);
        p.setTextAlign(Align.CENTER);
        g.drawText("请按任意键", scrWidth / 2, scrHeight / 2, p);
        p.setTextAlign(Align.LEFT);
    }
    g.save();
    g.clipRect(mouse3_x, scrHeight - 16, mouse3_x + 16,
        scrHeight - 16 + 16);
    g.drawBitmap(img[25], mouse3_x - 16 * mouse3_nowFrame,
        scrHeight - 16, p);
    g.restore();
    g.save();
    g.clipRect(mmouse_x, scrHeight - 16, mmouse_x + 16,
        scrHeight - 16 + 16);
    g.drawBitmap(img[Mouse], mmouse_x - 16 * (3 - mmouse_nowFrame),
        scrHeight - 16, p);
    g.restore();
    if (xin_a)//画心
    {
        g.save();
        g.clipRect(xin_x, xin_y, xin_x + 16, xin_y + 16);
        g.drawBitmap(img[Heart], xin_x - 16 * xin_nowFrame, xin_y,
        p);
        g.restore();
    }
    mouse3_nowFrame += 1;
    if (mouse3_nowFrame > 3) {
        mouse3_nowFrame = 0;
    }
    mouse3_x += 1;
    if (mouse3_x >= scrWidth / 2 - img[Mouse].getHeight()) {
        mouse3_x = scrWidth / 2 - img[Mouse].getHeight();
    }
    //母老鼠的动作帧
```

```java
        mmouse_nowFrame += 1;
        if (mmouse_nowFrame > 3) {
            mmouse_nowFrame = 0;
        }
        mmouse_x -= 1;
        if (mmouse_x <= scrWidth / 2) {
            mmouse_x = scrWidth / 2;
            //心的动作帧
            xin_a = true;
            xin_nowFrame += 1;
            if (xin_nowFrame > 1) {
            xin_nowFrame = 0;
            }
            xin_y -= 2;
            if (xin_y <= scrHeight - 50) {
            xin_y = scrHeight - 30;
            }
        }
        delay++;
        if(delay>1000) {
            delay=100;
        }
        break;
case showMenu:  //绘制菜单
        imgLogo = null;
        if (gm == null) {
            imgItems = new Bitmap[5];
            imgItems[0] = img[Danger];
            imgItems[1] = img[Item01];
            imgItems[2] = img[Power];
            imgItems[3] = img[Item02];
            imgItems[4] = img[Web];
            gm = new Gamemenu(context, imgMenu, imgItems, sound);
        }
        if (sMenu.state == 2 && sound) {
            sMenu.play();
        }
        if (sMenu.state == 0 && !sound) {
            sMenu.stop();
        }
        int menu = gm.paint(g);
        sound = gm.getSoundSwitch();
```

```java
    delay++;
    if(delay>1000) {
        delay=100;
    }
    if (menu == 1) {
        delay = 0;
        step++;
        sMenu.stop();
    } else if (menu == 2) {
        restoreStage();
        delay = 0;
        step++;
        sMenu.stop();
    }
    break;
case StageChange:   //绘制选关
    if (delay > 0) {
        p.setColor(0xff000000);
        p.setStyle(Style.FILL);
        g.drawRect(0, 0, scrWidth, scrHeight, p);
        p.setColor(0xffffffff);
        p.setTextAlign(Align.CENTER);
        g.drawText("第" + stage + "关",scrWidth / 2,scrHeight / 2,
        p);
        p.setTextAlign(Align.LEFT);
    } else {
        stage++;
        init();
        do {
            lastS = sky;
            lastG = ground;
            sky = Math.abs(rad.nextInt() % 3);
            ground = Math.abs(rad.nextInt() % 3);
        } while (sky == lastS && ground == lastG);
        tl.setTileKind(ground);
        alive = true;
        jump = 0;
        power.setTimeZero();
        sp.setPos(0, 264);
        sp.move1(1, 0);
        sp.setLoop(0, 0);
        goR = goL = goU = false;
```

```
        mapRev = 0;
        sp.setAction(1);
        sp.setLoop(0, 0);
    }
    delay++;
    if (delay > 30) {
        delay = 0;
        step++;
    }
    break;
case inGame:  //绘制游戏中的内容
    if (!Pause) {
        if (mapRev == 0) {
            if (power.getPowerTime() <= 0) {
            sp.setPower(false);
            }
            if(power.isTouch(sp.getPosX(),sp.getPosY())&& alive){
                if (sGet.getState() == 0) {
                    sGet.stop();
                }
                if (sound) {
                    sGet.play();
                }
            sp.setPower(true);
        }

        if (danger.isTouch(sp.getPosX(), sp.getPosY()) && alive) {
            if (!sp.getPower()) {
                result = false;
                alive = false;
                delay = 0;
                dx = sp.getPosX();
                dy = sp.getPosY();
                if (sound) {
                    sDead.play();
                }
                //TODO 震动 100 2000
                vibrator = (Vibrator) context
                        .getSystemService(Context.VIBRATOR_SERVICE);
                vibrator.vibrate(2000);
            }
        }
```

```java
        if (item01.isTouch(sp.getPosX(), sp.getPosY()) && alive)
{
            if (sGet.getState() == 0) {
                sGet.stop();
            }
            if (sound) {
                sGet.play();
            }
        }

        if (item02.isTouch(sp.getPosX(), sp.getPosY()) && alive) {
            if (sGet.getState() == 0) {
                sGet.stop();
            }
            if (sound) {
                sGet.play();
            }
            mapRev = 1;
            item01.reverse();
            item02.reverse();
            power.reverse();
            danger.reverse();
            sp.setPos(sp.getPosX(), (12 - sp.getPosY() / 22) * 22);
            delay = 0;
            jump = 0;
            goR = goL = goU = false;
            sp.setAction(1);
            sp.setLoop(0, 0);
        }
        if (alive) {
            if (time <= 0) {
                result = false;
                alive = false;
                dx = sp.getPosX();
                dy = sp.getPosY();
                if (sound) {
                    sDead.play();
                }
                //TODO 震动 100 2000
                vibrator = (Vibrator) context
                    .getSystemService(Context.VIBRATOR_SERVICE);
```

```
                        vibrator.vibrate(2000);
                    }

                    if (item01.getTotal() == 0) {
                        saveStage();
                        result = true;
                        step++;
                        if (sound) {
                            sWin.play();
                        }
                        if (!sound) {
                            sWin.stop();
                        }
                    }
                    moveEvent();
                    time--;
                }
        } else {
            mapRev = tl.reverse();
        }
}

g.drawBitmap(img[BG01], -scrWidth * sky, 0, p);
g.drawBitmap(img[BG02], -scrWidth * ground, scrHeight - 121, p);
gm.drawCloud(g, sky + 1);
tl.drawTile(g);
if (mapRev == 1) {
    g.save();
    g.clipRect(scrWidth / 2 - 14, (scrHeight - 34) / 2 - 18
            , scrWidth / 2 - 14 + 28,(scrHeight - 34) / 2 - 18 + 36);
    g.drawBitmap(img[Arrowhead],scrWidth / 2 - 14 - delay / 5 * 28
            , (scrHeight - 34) / 2 - 18, p);
    g.restore();
    delay++;
    if (delay >= 15) {
        delay = 0;
    }
} else {
    item01.paint(g);
    item02.paint(g);
    power.paint(g);
    danger.paint(g);
```

```
        if (alive) {
            power.flash(g, sp.getPosX(), sp.getPosY());
            sp.paint(g);
            counter(g);
        } else {
            if (delay < 5) {
                dy -= 8;
            } else {
                dy += 8;
                if (delay > 35) {
                    delay = 0;
                    step++;
                    if (sound) {
                        sLost.play();
                    }
                    if (!sound) {
                        sLost.stop();
                    }
                }
            }
            g.save();
            g.clipRect(0, 0, scrWidth, scrHeight);
            g.drawBitmap(img[Dead], dx, dy, p);
            g.restore();
            delay++;
        }
    }
    if (Pause) {
        showPauseMenu(g);
    }
break;
case StageOver:
    if (stage == 25 && result) {
        saveStage();
        delay = 0;
        step = GameEnd;
    }
    if (sDead.getState() == 0) {
        sDead.stop();
    }
    p.setColor(0xff58e304);
    p.setStyle(Style.FILL);
```

```
g.drawRect(0, 0, scrWidth, scrHeight, p);
p.setColor(0xff000000);
if (delay > 10) {
    if (result) {
    if (delay > 30) {
    delay = 11;
    }
    g.drawBitmap(img[StageClear], 0, 0, p);
    if (delay <= 20) {
    g.save();
    g.clipRect(scrWidth / 2 - 11, 30,
            scrWidth / 2 - 11 + 23, 30 + 30);
    g.drawBitmap(img[Smile], scrWidth / 2 - 11, 30, p);
    g.restore();
    } else if (delay <= 25) {
    g.save();
    g.clipRect(scrWidth / 2 - 12, 30 - (delay - 20),
            scrWidth / 2 - 12 + 25,
            30 - (delay - 20) + 30);
    g.drawBitmap(img[Smile], scrWidth / 2 - 35,
            30 - (delay - 20), p);
    g.restore();
    } else {
    g.save();
    g.clipRect(scrWidth / 2 - 12, 25 + (delay - 25),
            scrWidth / 2 - 12 + 25,
            25 + (delay - 25) + 30);
    g.drawBitmap(img[Smile], scrWidth / 2 - 35,
            25 + (delay - 25), p);
    g.restore();
    }
    } else {
    if (delay > 20) {
    delay = 11;
    }
    g.drawBitmap(img[Tombstone], 0, 0, p);
    g.drawBitmap(img[GameOver], scrWidth / 2 - 59,
        scrHeight / 4 - 31, p);
    if (delay < 16) {
    g.save();
    g.clipRect(scrWidth / 2 - 20, scrHeight / 4 + 22,
            scrWidth / 2 - 20 + 16,
```

```
            scrHeight / 4 + 22 + 22);
    g.drawBitmap(img[Cry], scrWidth / 2 - 20,
            scrHeight / 4 + 22, p);
    g.restore();
} else {
    g.save();
    g.clipRect(scrWidth / 2 - 20, scrHeight / 4 + 22,
            scrWidth / 2 - 20 + 16,
            scrHeight / 4 + 22 + 22);
    g.drawBitmap(img[Cry], scrWidth / 2 - 36,
            scrHeight / 4 + 22, p);
    g.restore();
}
}
delay++;
switch (gm.miniMenu(g, result)) {
case 1:
if (!result) {
    stage--;
}
delay = 0;
step = StageChange;
if (sWin.getState() == 0) {
    sWin.stop();
}
if (sLost.getState() == 0) {
    sLost.stop();
}
break;
case 2:
sp.setPos(0, 192);
sp.setLoop(0, 3);
sp.setAction(1);
delay = 0;
stage = 0;
step = showMenu;
if (sWin.getState() == 0) {
    sWin.stop();
}
if (sLost.getState() == 0) {
    sLost.stop();
}
```

```
            break;
        }
    } else {
        delay++;
        if (result) {
            g.drawBitmap(img[StageClear], 0, 0, p);
        } else {
            g.drawBitmap(img[Tombstone], 0, 0, p);
            g.drawBitmap(img[GameOver],scrWidth/2-59,scrHeight/4-31,p);
        }
    }
    break;
    case GameEnd:
        p.setStyle(Style.FILL);
        g.drawRect(0, 0, scrWidth, scrHeight, p);
        showEnd(g);
        break;
    }
}
}
```

4.3.3.6　人物移动及跳跃的逻辑处理

代码如下：

```
protected void moveEvent() {
    if (goR) {
        int right = tl.isCollide(sp.getPosX(), sp.getPosY(), 'R',
                collideTag);
        if (right == 2) {
            sp.setPos1(275, -(sp.getPosY1() % 2200));
        }
        if (right == 1 || right == 2) {
            sp.move1(1, spSpeed1);
        } else {
            sp.move1(1, 0);
        }
    } else if (goL) {
        int left = tl
                .isCollide(sp.getPosX(), sp.getPosY(), 'L', collideTag);
        if (left == 2) {
            sp.setPos1(-275, -(sp.getPosY1() % 2200));
        }
        if (left == 1 || left == 2) {
            sp.move1(2, spSpeed1);
```

```
        } else {
            sp.move1(2, 0);
        }
    }
    if (goU) {
        if (sp.getAction() == 1) {
            sp.setAction(2);
            sp.setLoop(4, 4);
        }
        if (sp.getAction() == 3 && tl.isWater(sp.getPosX(),sp.getPosY())) {
            sp.setAction(2);
            sp.setLoop(4, 4);
        }
    }


boolean isWater = tl.isWater(sp.getPosX(), sp.getPosY());

int slide = 0;
if (sp.getAction() == 2) {
    int up = tl.isCollide(sp.getPosX(), sp.getPosY(),'U',collideTag);
    if (up != 0) {
        if (up == 2) {
            slide = -4;
            sp.setPos1(-(sp.getPosX1() % 2200), 0);
            up = tl.isCollide(sp.getPosX(), sp.getPosY(), 'U',
                collideTag);
        } else if (up == 4) {
            slide = 4;
            sp.setPos1(2200 - (sp.getPosX1() % 2200), 0);
            up = tl.isCollide(sp.getPosX(), sp.getPosY(), 'U',
                collideTag);
        }
        if (up == 1) {
            if (jump < 2) {
                if (isWater) {
                    sp.moveV1(3, jumpHeight1 / 4);
                } else {
                    sp.moveV1(3, jumpHeight1);
                }
                jump++;
            } else if (jump < 6) {
                if (isWater) {
```

```java
                sp.moveV1(3, jumpHeight1 / 4);
            } else {
                sp.moveV1(3, jumpHeight1 / 2);
            }
            jump++;
        } else if (jump < 10) {
            if (isWater) {
                sp.moveV1(3, jumpHeight1 / 4);
            } else {
                sp.moveV1(3, jumpHeight1 / 4);
            }
            jump++;
        } else if (jump < 11) {
            jump++;
        } else {
            jump = 0;
            sp.setAction(3);
            sp.setLoop(0, 0);
        }
    } else {
        sp.setPos(sp.getPosX() - slide, sp.getPosY());
        jump = 0;
        sp.setAction(3);
        sp.setLoop(0, 0);
    }
} else {
    jump = 0;
    sp.setAction(3);
    sp.setLoop(0, 0);
}
}

if (sp.getAction() == 3 || sp.getAction() == 1) {
    int down = tl
            .isCollide(sp.getPosX(), sp.getPosY(), 'D', collideTag);
    if (down != 0) {
        if (down == 2) {
            slide = -2;
            sp.setPos1(-(sp.getPosX1() % 2200), 0);
            down = tl.isCollide(sp.getPosX(), sp.getPosY(), 'D',
                    collideTag);
            jump = 0;
```

```
        } else if (down == 3) {
            slide = +2;
            sp.setPos1(2200 - (sp.getPosX1() % 2200), 0);
            down = tl.isCollide(sp.getPosX(), sp.getPosY(), 'D',
                collideTag);
            jump = 0;
        }
        if (down == 1) {
            if (sp.getAction() == 1) {
                sp.setAction(3);
                sp.setLoop(0, 0);
            }
            if (jump < 4) {
                if (isWater) {
                    sp.moveV1(4, jumpHeight1 / 4);
                } else {
                    sp.moveV1(4, jumpHeight1 / 4);
                }
                jump++;
            } else if (jump < 8) {
                if (isWater) {
                    sp.moveV1(4, jumpHeight1 / 4);
                } else {
                    sp.moveV1(4, jumpHeight1 / 2);
                }
                jump++;
            } else {
                if (isWater) {
                    sp.moveV1(4, jumpHeight1 / 4);
                } else {
                    sp.moveV1(4, jumpHeight1);
                }
                jump++;
            }
        } else {
            sp.setPos(sp.getPosX() - slide, sp.getPosY());
        }
    } else {
        if (sp.getAction() == 3) {
            jump = 0;
            sp.setAction(1);
            if (goR || goL) {
```

```
                sp.setLoop(0, 3);
            } else {
                sp.setLoop(0, 0);
            }
        }
    }
}
```

4.3.3.7　游戏 logo 中绘制是否播放声音选项

代码如下：

```
public void drawCover(Canvas g) {
    if (delay < 5) {
        p.setColor(0xff373637);
        p.setStyle(Style.FILL);
        g.drawRect(0, 0, scrWidth, scrHeight, p);
        g.drawBitmap(imgLogo[Logo], 32, 56, p);
        p.setColor(0xff000000);
        for (int i = 0; i < scrWidth / 5 + 1; i++) {
            p.setStyle(Style.FILL);
            g.drawRect(5 * i, 0, 5 * i + 5 - delay, scrHeight, p);
        }
        delay++;
    } else if (delay < 40) {
        p.setColor(0xff373637);
        p.setStyle(Style.FILL);
        g.drawRect(0, 0, scrWidth, scrHeight, p);
        g.drawBitmap(imgLogo[Logo], 32, 56, p);
        delay++;
    } else {
        p.setColor(0xff000000);
        p.setStyle(Style.FILL);
        g.drawRect(0, 0, scrWidth, scrHeight, p);
        p.setColor(0xff00ffff);
        p.setTextAlign(Align.CENTER);
        g.drawText("是否播放声音", scrWidth / 2, scrHeight / 2, p);
        p.setTextAlign(Align.LEFT);
        g.drawText("是", 5, scrHeight - 5, p);
        p.setTextAlign(Align.RIGHT);
        g.drawText("否", scrWidth - 5, scrHeight - 5, p);
        p.setTextAlign(Align.LEFT);
    }
}
```

4.3.3.8　绘制游戏 UI 中的图标

代码如下：

```
public void counter(Canvas g) {
    int num;
    //g.clipRect(0, 0, scrWidth, scrHeight);
    g.drawBitmap(img[Icon02], 0, 0, p);
    g.drawBitmap(img[Icon01], 0, 8, p);
    num = item01.getTotal();
    g.save();
    g.clipRect(8, 0, 8 + 7, 7);
    g.drawBitmap(img[Counter], 8 - num / 10 * 7, 0, p);
    g.restore();
    g.save();
    g.clipRect(15, 0, 15 + 7, 7);
    g.drawBitmap(img[Counter], 15 - num % 10 * 7, 0, p);
    g.restore();
    num = time / 20;
    g.save();
    g.clipRect(8, 8, 8 + 7, 8 + 7);
    g.drawBitmap(img[Counter], 8 - num / 10 * 7, 8, p);
    g.restore();
    g.save();
    g.clipRect(15, 8, 15 + 7, 8 + 7);
    g.drawBitmap(img[Counter], 15 - num % 10 * 7, 8, p);
    g.restore();
    num = power.getPowerTime();
    if (num > 0) {
        num /= 20;
        if (num / 10 > 0) {
            g.save();
            g.clipRect(sp.getPosX() + 1, sp.getPosY() + 5,
                    sp.getPosX() + 1 + 7, sp.getPosY() + 5 + 7);
            g.drawBitmap(img[Counter], sp.getPosX() + 1 - num /
    10 * 7, sp.getPosY() + 5, p);
            g.restore();
            g.save();
            g.clipRect(sp.getPosX() + 8, sp.getPosY() + 5,
                    sp.getPosX() + 8 + 7, sp.getPosY() + 5 + 7);
            g.drawBitmap(img[Counter], sp.getPosX() + 8 - num %
    10 * 7, sp.getPosY() + 5, p);
            g.restore();
        } else {
```

```
            g.save();
            g.clipRect(sp.getPosX() + 4, sp.getPosY() + 5,
                    sp.getPosX() + 4 + 7, sp.getPosY() + 5 + 7);
            g.drawBitmap(img[Counter], sp.getPosX() + 4 - num *
            7, sp.getPosY() + 5, p);
            g.restore();
        }
    }
}
```

4.3.3.9　绘制游戏结束

```
public void showEnd(Canvas g) {
    g.drawBitmap(img[End], 0, 0, p);
    if (delay >= 500) {
        delay = 0;
        stage = 0;
        step = showMenu;
    }
    if (delay < 20) {
        p.setStyle(Style.FILL);
        g.drawRect(0, 0, scrWidth, 105 - delay * 5, p);
        g.drawRect(0, scrHeight - 105 + delay * 5, scrWidth
                , scrHeight - 105 + delay * 5 + scrHeight, p);
    } else {
        g.save();
        g.clipRect(12, 12, 12 + scrWidth - 24, 12 + scrHeight - 24);
        if (delay / 20 % 2 == 0) {
            g.drawBitmap(img[Flower], 50 + delay % 20, delay - 40, p);
        } else {
            g.drawBitmap(img[Flower], 70 - delay % 20, delay - 40, p);
        }
        if ((delay - 5) / 20 % 2 == 0) {
            g.drawBitmap(img[Flower], 100 + (delay - 5) % 20
                    , (delay - 70),   p);
        } else {
            g.drawBitmap(img[Flower], 120 - (delay - 5) % 20
                    , (delay - 70),   p);
        }
        if ((delay - 10) / 20 % 2 == 0) {
            g.drawBitmap(img[Flower], (delay - 10) % 20, (delay - 110), p);
        } else {
            g.drawBitmap(img[Flower], 20 - (delay - 10) % 20,
                    (delay - 110), p);
```

```
        }
        if ((delay - 15) / 20 % 2 == 0) {
            g.drawBitmap(img[Flower], 150 + (delay - 15) % 20,
                        (delay - 150), p);
        } else {
            g.drawBitmap(img[Flower], 170 - (delay - 15) % 20,
                        (delay - 150), p);
        }
        if (delay / 20 % 2 == 0) {
            g.drawBitmap(img[Flower], 50 + delay % 20, delay - 200, p);
        } else {
            g.drawBitmap(img[Flower], 70 - delay % 20, delay - 200, p);
        }
        if ((delay - 5) / 20 % 2 == 0) {
            g.drawBitmap(img[Flower], 110 + (delay - 5) % 20,
                        (delay - 240), p);
        } else {
            g.drawBitmap(img[Flower], 130 - (delay - 5) % 20,
                        (delay - 240), p);
        }
        g.restore();
        g.save();
        g.clipRect(0, 177, scrWidth, 177 + 17);
        g.drawBitmap(img[Subtitle], scrWidth / 2 - 54, 194 - (delay-20)/4,p);
        g.restore();
    }
    delay++;
}
```

4.3.3.10 绘制游戏暂停菜单
代码如下：

```
public void showPauseMenu(Canvas g) {
    if (PauseOption > 2) {
        PauseOption = 0;
    }
    if (PauseOption < 0) {
        PauseOption = 2;
    }
    //g.clipRect(0, 0, scrWidth, scrHeight);
    p.setColor(0xffffffff);
    p.setStyle(Style.FILL);
    g.drawRect(0, scrHeight - 60, 60, scrHeight - 60 + scrHeight, p);
    p.setColor(0xff0000ff);
```

```
    p.setStyle(Style.STROKE);
    g.drawRect(0, scrHeight - 60, 60, scrHeight - 60 + scrHeight, p);
    g.drawText("继续游戏", 10, scrHeight - 41, p);
    g.drawText("重玩本关", 10, scrHeight - 21, p);
    g.drawText("返回菜单", 10, scrHeight - 1, p);
    p.setColor(0xffff0000);
    p.setStyle(Style.FILL);
    g.drawRect(1, scrHeight - 14 - (2 - PauseOption) * 20, 1 + 8
        , scrHeight - 14 - (2 - PauseOption) * 20 + 8, p);
}
```

4.3.3.11 游戏暂停以及按键处理逻辑

代码如下：

```
public void pause() {
    Pause = true;
}
//根据不同的游戏状态，处理不同的响应
protected void keyPressed(int keyCode) { //按键按下
        if (mPause) {
            if (keyCode == -5 || keyCode == 53) {
                mPause = false;
                if (step == inGame) {
                    pause();
                }
            }
        } else {
            if (step == showStudioLogo && delay >= 25) {
                switch (keyCode) {
                case -6:
                    sound = true;
                    delay = 0;
                    step++;
                    break;
                case -7:
                    sound = false;
                    delay = 0;
                    step++;
                    break;
                }
            }

            if (step == inGame) {
                switch (keyCode) {
```

```
        case -6:
            if (Pause) {
                switch (PauseOption) {
                case 0:
                    Pause = false;
                    break;
                case 1:
                    PauseOption = 0;
                    Pause = false;
                    delay = 0;
                    stage--;
                    step = StageChange;
                    break;
                case 2:
                    PauseOption = 0;
                    Pause = false;
                    delay = 0;
                    stage = 0;
                    step = showMenu;
                    break;
                }
            } else {
                Pause = true;
            }
            break;
        case -1:
            if (Pause) {
                PauseOption--;
            }
            break;
        case -2:
            if (Pause) {
                PauseOption++;
            }
            break;
        case 50:
            if (Pause) {
                PauseOption--;
            }
            break;
        case 56:
            if (Pause) {
```

```
            PauseOption++;
        }
        break;
    }
}

if ((step == showMenu || step == StageOver) && delay > 10) {
    gm.keyEvent(keyCode);
}
if (keyCode != 0 && step == Title) {
    delay = 0;
    step++;
}
switch (keyCode) {
case -5:
    if (step == showMOLogo) {
        delay = 0;
        step++;
    }
    if (step == GameEnd && delay > 20) {
        delay = 0;
        stage = 0;
        step = showMenu;
    }
    break;
case -1:
    if (step == inGame && alive) {
        goU = true;
    }
    break;
case -4:
    if (step == inGame && alive) {
        goR = true;
        goL = false;
        if (sp.getAction() == 1) {
            sp.setLoop(0, 3);
        }
    }
    break;
case -3:
    if (step == inGame && alive) {
        goL = true;
```

```
                    goR = false;
                    if (sp.getAction() == 1) {
                        sp.setLoop(0, 3);
                    }
                }
                break;
            }
        }
    }
//根据不同的游戏状态，处理释放按键的响应
    protected void keyReleased(int keyCode) { //按键释放
        if (mPause) {

        } else {
            switch (keyCode) {
            case -1:
                if (step == inGame && alive) {
                    goU = false;
                }
                break;
            case -4:
                if (step == inGame && alive) {
                    goR = false;
                    if (sp.getAction() == 1 && !goL) {
                        sp.setLoop(0, 0);
                    }
                }
                break;
            case -3:
                if (step == inGame && alive) {
                    goL = false;
                    if (sp.getAction() == 1 && !goR) {
                        sp.setLoop(0, 0);
                    }
                }
                break;
            }
        }
    }

    private boolean b1 = false;
    private boolean b2 = false;
```

```
    private boolean b3 = false;
    private boolean b4 = false;
    private boolean b5 = false;
    private boolean b6 = false;
    private boolean b7 = false;
    private boolean b8 = false;
```

```
//触摸屏响应的方法 ，根据用户在屏幕上触摸的点，来获取是否按下了某键
public boolean onTouchEvent(MotionEvent me) {
    int x = (int) me.getX();
    int y = (int) me.getY();
    if (me.getAction() == MotionEvent.ACTION_DOWN) {
        if (tool.checkPointTouch(x, y, 35, 275, 50, 40)) {
            keyPressed(-5);
            keyPressed(-6);
            b1 = true;
        } else if (tool.checkPointTouch(x, y, 395, 275, 50, 40)) {
            keyPressed(-7);
            b2 = true;
        } else if (tool.checkPointTouch(x, y, 40, 20, 40, 40)) {
            keyPressed(-1);
            b3 = true;
        } else if (tool.checkPointTouch(x, y, 40, 100, 40, 40)) {
            keyPressed(-2);
            b4 = true;
        } else if (tool.checkPointTouch(x, y, 0, 60, 40, 40)) {
            keyPressed(-3);
            b5 = true;
        } else if (tool.checkPointTouch(x, y, 80, 60, 40, 40)) {
            keyPressed(-4);
            b6 = true;
        } else if (tool.checkPointTouch(x, y, 0, 20, 40, 40)) {
            keyPressed(-1);
            keyPressed(-3);
            b7 = true;
        } else if (tool.checkPointTouch(x, y, 80, 20, 40, 40)) {
            keyPressed(-1);
            keyPressed(-4);
            b8 = true;
        }
    } else if (me.getAction() == MotionEvent.ACTION_UP) {
        if (tool.checkPointTouch(x, y, 35, 275, 50, 40)) {
```

```
        keyReleased(-5);
        keyReleased(-6);
        b1 = false;
    } else if (tool.checkPointTouch(x, y, 395, 275, 50, 40)) {
        keyReleased(-7);
        b2 = false;
    } else if (tool.checkPointTouch(x, y, 40, 20, 40, 40)) {
        keyReleased(-1);
        b3 = false;
    } else if (tool.checkPointTouch(x, y, 40, 100, 40, 40)) {
        keyReleased(-2);
        b4 = false;
    } else if (tool.checkPointTouch(x, y, 0, 60, 40, 40)) {
        keyReleased(-3);
        b5 = false;
    } else if (tool.checkPointTouch(x, y, 80, 60, 40, 40)) {
        keyReleased(-4);
        b6 = false;
    } else if (tool.checkPointTouch(x, y, 0, 20, 40, 40)) {
        keyReleased(-1);
        keyReleased(-3);
        b7 = false;
    } else if (tool.checkPointTouch(x, y, 80, 20, 40, 40)) {
        keyReleased(-1);
        keyReleased(-4);
        b8 = false;
    }
} else if (me.getAction() == MotionEvent.ACTION_MOVE) {
    if (tool.checkPointTouch(x, y, 35, 275, 50, 40)) {//lb
        if (b1 == false) {
            keyPressed(-5);
            keyPressed(-6);
            b1 = true;
        }
    } else if (tool.checkPointTouch(x, y, 395, 275, 50, 40)) {//rb
        if (b2 == false) {
            keyPressed(-7);
            b2 = true;
        }
    } else if (tool.checkPointTouch(x, y, 40, 20, 40, 40)) {//u
        if (b3 == false && b7 == true) {
            keyReleased(-3);
```

```
            b3 = true;
            b7 = false;
        } else if (b3 == false && b8 == true) {
            keyReleased(-4);
            b3 = true;
            b8 = false;
        } else if (b3 == false) {
            keyPressed(-1);
            b3 = true;
        }
    } else if (tool.checkPointTouch(x, y, 40, 100, 40, 40)) {//d
        if (b4 == false) {
            keyPressed(-2);
            b4 = true;
        }
    } else if (tool.checkPointTouch(x, y, 0, 60, 40, 40)) {//l
        if (b5 == false && b7 == true) {
            keyReleased(-1);
            b5 = true;
            b7 = false;
        } else if (b5 == false) {
            keyPressed(-3);
            b5 = true;
        }
    } else if (tool.checkPointTouch(x, y, 80, 60, 40, 40)) {//r
        if (b6 == false && b8 == true) {
            keyReleased(-1);
            b6 = true;
            b8 = false;
        } else if (b6 == false) {
            keyPressed(-4);
            b6 = true;
        }
    } else if (tool.checkPointTouch(x, y, 0, 20, 40, 40)) {//l+u
        if (b7 == false && b3 == true) {
            keyPressed(-3);
            b7 = true;
            b3 = false;
        } else if (b7 == false && b5 == true) {
            keyPressed(-1);
            b7 = true;
            b5 = false;
```

```
        } else if (b7 == false) {
            keyPressed(-1);
            keyPressed(-3);
            b7 = true;
        }
    } else if (tool.checkPointTouch(x, y, 80, 20, 40, 40)) {//r+u
        if (b8 == false && b3 == true) {
            keyPressed(-4);
            b8 = true;
            b3 = false;
        } else if (b8 == false && b6 == true) {
            keyPressed(-1);
            b8 = true;
            b6 = false;
        } else if (b8 == false) {
            keyPressed(-1);
            keyPressed(-4);
            b8 = true;
        }
    } else {
        if (b1 == true) {
            keyReleased(-6);
            b1 = false;
        }
        if (b2 == true) {
            keyReleased(-7);
            b2 = false;
        }
        if (b3 == true) {
            keyReleased(-1);
            b3 = false;
        }
        if (b4 == true) {
            keyReleased(-2);
            b4 = false;
        }
        if (b5 == true) {
            keyReleased(-3);
            b5 = false;
        }
        if (b6 == true) {
            keyReleased(-4);
```

```java
            b6 = false;
        }
        if (b7 == true) {
            keyReleased(-1);
            keyReleased(-3);
            b7 = false;
        }
        if (b8 == true) {
            keyReleased(-1);
            keyReleased(-4);
            b8 = false;
        }
    }
}
//添加游戏更多触摸数据
if (me.getAction() == MotionEvent.ACTION_DOWN
        || me.getAction() == MotionEvent.ACTION_MOVE) {
    if (mPause == true) {
        if (tool.checkPointTouch(x, y, offx + scrWidth / 2 - 50,
                scrHeight / 2 - 15, 100, 30)) {
            keyPressed(-5);
        }
    } else if (step == showStudioLogo) {
        if (tool.checkPointTouch(x, y, offx, scrHeight - 20, 30, 20)) {
            keyPressed(-6);
        }
        if (tool.checkPointTouch(x, y, offx + scrWidth - 30,
                scrHeight - 20, 30, 20)) {
            keyPressed(-7);
        }
    } else if (step == Title) {
        if (tool.checkPointTouch(x, y, offx + scrWidth / 2 - 50,
                scrHeight / 2 - 15, 100, 30)) {
            keyPressed(-5);
        }
    } else if (step == showMenu && gm != null) {
        if (gm.option == 3) {
            if (tool
                    .checkPointTouch(x, y, offx, scrHeight - 20, 30, 20)) {
                keyPressed(-6);
            }
            if (tool.checkPointTouch(x, y, offx + scrWidth - 30,
```

```
                    scrHeight - 20, 30, 20)) {
                keyPressed(-7);
            }
        } else if (gm.option == 4) {
            if (tool.checkPointTouch(x, y, offx + scrWidth - 30,
                    scrHeight - 20, 30, 20)) {
                keyPressed(-7);
            }
        } else if (gm.option == 5) {
            if (tool
                    .checkPointTouch(x, y,offx,scrHeight - 20, 30, 20)) {
                keyPressed(-6);
            }
            if (tool.checkPointTouch(x, y, offx + scrWidth - 30,
                    scrHeight - 20, 30, 20)) {
                keyPressed(-7);
            }
            if (tool.checkPointTouch(x, y, offx + (scrWidth - 85) / 2,
                    80, 85, 20)) {
                keyPressed(-6);
            }
        } else if (gm.option == 0) {
            //第二次点菜单
            if (tool.checkPointTouch(x, y, offx + 25,
                    130 + 25 * (gm.pPos - 1), 85, 20)) {
                keyPressed(-5);
            }
            //第一次点菜单
            for (int i = 0; i < 6; i++) {
                if (i + 1 != gm.pPos) {
                    if (tool.checkPointTouch(x, y, offx + 15,
                            130 + 25 * i, 85, 20)) {
                        do {
                            keyPressed(-2);
                        } while (gm.pPos != i + 1);
                    }
                }
            }
        }
    } else if (step == StageOver) {
        int cdzx = scrWidth / 2 - 85 / 2;//小菜单 x 坐标
        int cdzy = scrHeight * 80 / 100;//小菜单 y 坐标
```

```
                              //第二次点菜单
       if (tool.checkPointTouch(x, y, offx + cdzx, cdzy + 25
                  * (gm.pPos - 1), 85, 20)) {
           keyPressed(-5);
       }
       //第一次点菜单
       for (int i = 0; i < 2; i++) {
           if (i + 1 != gm.pPos) {
               if (tool.checkPointTouch(x, y, offx + cdzx, cdzy + 25
                       * (i), 85, 20)) {
                   do {
                       keyPressed(-2);
                   } while (gm.pPos != i + 1);
               }
           }
       }
   }
   return true;
}
```

4.3.3.12　通信游戏循环中的 run 方法

代码如下:

```
public void run() {
    g.save();
    while (true) {
        Canvas c = null;
        try {
            c = sh.lockCanvas();    //锁定屏幕, 进行重绘
            time0 = SystemClock.currentThreadTimeMillis();
            //触摸按钮
            p.setColor(Color.BLUE);
            c.drawBitmap(imgButton[5], 39, 300, p);
            c.drawBitmap(imgButton[6], 399, 300, p);
            p.setTextAlign(Align.CENTER);
            p.setColor(0xff00ffff);
            c.drawText("确认", 60, 299, p);
            c.drawText("取消", 420, 299, p);
            p.setTextAlign(Align.LEFT);

            c.drawBitmap(imgButton[0], 37, 17, p);
            c.drawBitmap(imgButton[1], 37, 95, p);
            c.drawBitmap(imgButton[2], -3, 57, p);
```

```
        c.drawBitmap(imgButton[3], 75, 57, p);

        paint(g);
        c.drawBitmap(offscreen, offx, 0, p);
        time1 = SystemClock.currentThreadTimeMillis();
        if (time1 - time0 < run_rate) {
            Thread.sleep(run_rate - (time1 - time0));
        }
    } catch (Exception e) {
    } finally {
        if (c != null) {
            sh.unlockCanvasAndPost(c);//释放屏幕
        }
    }
}
```

4.3.3.13　游戏中挂起
代码如下：

```
protected void hideNotify() {
    stopSound();
    mPause = true;
}
```

4.3.3.14　游戏中暂停提示的绘制
代码如下：

```
public void goToPause(Canvas g) {
    g.clipRect(0, 0, scrWidth, scrHeight);
    p.setColor(0xff000000);
    p.setStyle(Style.FILL);
    g.drawRect(0, 0, scrWidth, scrHeight, p);
    p.setColor(0xff00ffff);
    p.setTextAlign(Align.CENTER);
    g.drawText("按ok/5继续", scrWidth / 2, scrHeight / 2, p);
    p.setTextAlign(Align.LEFT);
}
```

4.3.3.15　游戏中暂停音乐
代码如下：

```
public void stopSound() {
    if (sMenu != null) {
        sMenu.stop();
    }
    if (sGet != null) {
        sGet.stop();
```

```
    }
    if (sDead != null) {
        sDead.stop();
    }
    if (sWin != null) {
        sWin.stop();
    }
    if (sLost != null) {
        sLost.stop();
    }
}
```

4.3.3.16　游戏中存储关卡

代码如下：

```
public void saveStage() {
    SharedPreferences settings = context.getSharedPreferences("data",0);
    SharedPreferences.Editor editor = settings.edit();
    if (stage == 25) {
        stage = 0;
    }
    editor.putInt("level", stage);
    editor.commit();
}

public void restoreStage() {
    SharedPreferences settings = context.getSharedPreferences("data", 0);
    stage = settings.getInt("level", 0);
}
```

4.3.4　Item 类的实现

游戏中应用到的道具代码如下。

```
package com.tgwjn;
import java.util.Vector;
import android.graphics.Bitmap;
import android.graphics.Canvas;
import android.graphics.Paint;
/**
 * 游戏物品父类
 */
public class Item {
    protected Bitmap img;
    protected Vector<Integer> pos;
    protected int cols, rows, width, height, frame;
```

```java
/**
 * 物品构造方法
 * @param img 图片
 * @param c 列
 * @param r 行
 * @param w 宽
 * @param h 高
 */
public Item(Bitmap img, int c, int r, int w, int h) {
    this.img = img;
    cols = c;
    rows = r;
    width = w;
    height = h;
    frame = 0;
    pos = new Vector<Integer>();
}
/**
 * 物品绘制方法
 * @param g
 */
public void paint(Canvas g) {
    Paint p = new Paint();
    Integer num;
    int x, y;
    for (int i = 0; i < pos.size(); i++) {
        num = (Integer) pos.elementAt(i);
        x = num.intValue() % cols * width;
        y = num.intValue() / cols * height;

        g.save();
        g.clipRect(x, y, x + width, y + height);
        g.drawBitmap(img, x - width * (frame / 5), y, p);
        g.restore();
    }
    frame++;
    if (frame >= 20) {
        frame = 0;
    }
}
/**
 * 设置所有该类物品向量
```

```java
 * @param itemPos 物品位置数组
 */
public void setVector(int itemPos[]) {
    pos.removeAllElements();
    for (int i = 0; i < itemPos.length; i++) {
        pos.addElement(new Integer(itemPos[i]));
    }
}
/**
 * 物品与精灵碰撞检测方法
 * @param x 精灵 X
 * @param y 精灵 Y
 * @return 是否碰撞
 */
public boolean isTouch(int x, int y) {
    Integer num;
    for (int i = 0; i < pos.size(); i++) {
        num = (Integer) pos.elementAt(i);
        if (num.intValue() % cols * width - width + 2 < x
                && num.intValue() % cols * width + width - 2 > x
                && num.intValue() / cols * height - height + 2 < y
                && num.intValue() / cols * height + height - 2 > y) {
            pos.removeElementAt(i);
            return true;
        }
    }
    return false;
}
/**
 * 获取物品数量
 * @return 向量长度
 */
public int getTotal() {
    return pos.size();
}
/**
 * 地图颠倒时的物品反转方法
 */
public void reverse() {
    Integer num;
    for (int i = 0; i < pos.size(); i++) {
        num = (Integer) pos.elementAt(i);
```

```
        pos.setElementAt(new Integer((rows - 1 - num.intValue() / cols)
                * cols + num.intValue() % cols), i);
    }
  }
}
```

4.3.5　Danger 类的实现

该类继承自 Item 类，重写了 isTouch 方法。

Danger.Java 文件内容如下：

```java
package com.tgwjn;
import android.graphics.Bitmap;

/**
 * 游戏物品火圈类
 */
public class Danger extends Item {

    /**
     * 物品火圈构造
     * @param img 图片
     * @param c 列
     * @param r 行
     * @param w 宽
     * @param h 高
     */
    public Danger(Bitmap img, int c, int r, int w, int h) {
        super(img, c, r, w, h);
    }

    /**
     * 物品与精灵碰撞检测方法
     * 碰撞后火圈不消失
     * @param x 精灵 X
     * @param y 精灵 Y
     * @return 是否碰撞
     */
    public boolean isTouch(int x, int y) {
        Integer num;
        for (int i = 0; i < pos.size(); i++) {
            num = (Integer) pos.elementAt(i);
            if (num.intValue() % cols * width - width + 2 < x
                    && num.intValue() % cols * width + width - 2 > x
```

```
                && num.intValue() / cols * height - height + 2 < y
                && num.intValue() / cols * height + height - 2 > y) {
            return true;
        }
    }
    return false;
}
}
```

4.3.6　Gamemenu 菜单类的实现

代码如下：

```java
package com.tgwjn;
import android.content.Context;
import android.content.Intent;
import android.graphics.Bitmap;
import android.graphics.Canvas;
import android.graphics.Paint;
import android.graphics.Paint.Align;
import android.graphics.Paint.Style;
public class Gamemenu {
    //图片数组位置标识
    private static final short Menu = 0;   //菜单
    private static final short MiniMenu = 1;//小菜单
    private static final short Pointer = 2;//指向菜单项时的动态效果
    private static final short Hand = 3;   //设置中的手
    private static final short Button = 4;//设置中的按钮
    private static final short Cloud01 = 5;//云 1
    private static final short Cloud02 = 6;//云 2
    private static final short Cloud03 = 7;//云 3
    private static final short Music = 8;  //声音开关
    private static final short MenuBG = 9;//菜单背景画
    private static final short BG01 = 10; //背景中的水
    private static final short BG02 = 11; //背景中的风车
    private static final short SP = 12;//主人公
    private static final short Flash = 13;//无敌闪光

    private static final short Danger = 0;
    private static final short Item01 = 1;
    private static final short Power = 2;
    private static final short Item02 = 3;
    private static final short Web = 4;
```

```java
//菜单项
private static final short start = 1;//开始
private static final short load = 2;//阅档
private static final short help = 3;//帮助
private static final short about = 4;//关于游戏
private static final short setting = 5;//设置
private static final short exit = 6;//退出

private static final short scrWidth = 240;
private static final short scrHeight = 320;

private int num;
private Sprite sp;
private Bitmap[] img, imgI;
public int d_index = 0;//索引
public int b_im = 0;
public int b_time = 1000;
public boolean isok = true;
public boolean flag = true;
public String rightCommand = null;
public String leftCommand = null;
public int gzs_index = 0;  //logo3 与 logo4 之间的索引
public boolean gzs_isok = true;
public int gzs_x;
public int gzs_temp = 0;
public int gzs_time = 40;
public boolean gzs_tempBoolean = false;
public boolean menu_off = true;
public int menu_x;
public int menu_abc = 0;
public int menu_temp;
public int tubiao_y;
public int tubiao_temp = 0;
public int mouse_x;
public int mouse_index = 0;  //老鼠转身的索引
public int mouse_nowFrame = 0;
public int mouse_fx = 0;
public int yun1_x;
public int yun1_y;
public int yun2_x;
public int yun2_y;
public int yun3_x;
```

```java
public int yun3_y;
public int mouse1_x;
public int mouse1_nowFrame = 0;
public int hand_y;
public int hand_fx = 0;
public int sz = 0;
public int mouse1_index = 0;//老鼠1转身的索引
public int mouse1_fx = 0;
public int mouse2_x;
public int mouse2_y;
public int mouse2_fx = 0;
public int mouse2_nowFrame = 0;
public boolean sound1;
public boolean index = true;
public int option, pPos, delay;
public Paint paint;


public int a_nowFrame = 0;
public Context context;

/**
 * 游戏菜单的构造函数
 * @param ct
 * @param imgMenu 菜单图片
 * @param imgItems 菜单帮助图片
 * @param sound 是否有声音
 */
public Gamemenu(Context ct,Bitmap[] imgMenu, Bitmap[] imgItems,
boolean sound) {
    context = ct;
    paint = new Paint();
    img = imgMenu;
    imgI = imgItems;
    sp = new Sprite(img[SP], img[Flash], 16, 16, 20, 40, 1);
    sp.setLoop(0, 3);
    option = 0;
    pPos = 1;
    delay = 0;
    flag = true;
    gzs_x = scrWidth / 12;
    menu_x = 45;
    menu_temp = -85;
```

```
        tubiao_y = 50;
        mouse_x = 50;
        yun1_x = 90;
        yun1_y = 10;
        yun2_x = 150;
        yun2_y = 30;
        yun3_x = 40;
        yun3_y = 20;
        mouse1_x = 50;
        mouse2_x = 50;
        mouse2_y = 150;
        hand_y = 65;
        sound1 = sound;
    }

    /**
     * 菜单绘制方法
     * @param g
     * @return
     */
    public int paint(Canvas g) {
        switch (option) {
        case start:
            option = 0;
            pPos = 1;
            return 1;
        case load:
            option = 0;
            pPos = 1;
            return 2;
        case help:
            showHelp(g);
            return 3;
        case about:
            showAbout(g);
            return 3;
        case setting:
            config(g);
            return 3;
        case exit:
            Intent intent = new Intent();
            intent.setAction(Intent.ACTION_MAIN);
```

```
            intent.addCategory(Intent.CATEGORY_HOME);
            context.startActivity(intent);
            android.os.Process.killProcess(android.os.Process.myPid());
            return 3;
        case 0:
            showMenu(g);
            return 0;
        }
        return 0;
    }

    /**
     * 菜单按键处理方法
     * @param keyCode
     */
    public void keyEvent(int keyCode) {
        if (GameView.step == 5) {
            num = 6;
        } else if (GameView.step == 8) {
            num = 2;
        }
        switch (keyCode) {
        case -1:
            if (option == 0) {
                pPos--;
                if (pPos < 1) {
                    pPos = num;
                }
            }
            break;
        case -2:
            if (option == 0) {
                pPos++;
                if (pPos > num) {
                    pPos = 1;
                }
            }
            break;
        case -5:
            if (option == 0) {
                option = pPos;
            }
```

```java
                break;
        case -6:
            if (leftCommand == "确定") {
                sound1 = !sound1;
            }
            if (leftCommand == "翻页") {
                index = !index;
            }
            break;
        case -7:
            if (rightCommand == "返回") {
                option = 0;
                index = true;
                rightCommand = null;
                leftCommand = null;
            }
            break;
        case 50:
            if (option == 0) {
                pPos--;
            }
            break;
        case 56:
            if (option == 0) {
                pPos++;
            }
            break;
        case 53:
            if (option == 0) {
                option = pPos;
            }
            break;
    }
}

/**
 * 菜单左右软键显示名称
 * @param right 右软键名字
 * @param left 左软键名字
 */
public void setCommands(String right, String left) {
    rightCommand = right;
```

```
        leftCommand = left;
}

/**
 * 绘制主菜单
 * @param g
 */
public void showMenu(Canvas g) {
    if (pPos < 1) {
        pPos = 6;
    }
    if (pPos > 6) {
        pPos = 1;
    }
    g.drawBitmap(img[MenuBG], 0, 0, paint);
    g.save();
    g.clipRect(0, 228, 191, 228 + 32);
    g.drawBitmap(img[BG01], 0 - delay / 4 % 2 * 191, 228, paint);
    g.restore();
    g.save();
    g.clipRect(160, 160, 160 + 66, 160 + 65);
    g.drawBitmap(img[BG02], 160 - delay / 8 * 66, 160, paint);
    g.restore();

    if (delay > 14) {
        delay = 0;
    }
    drawCloud(g, 0);
    for (int i = 0; i < 6; i++) {
        if (i + 1 != pPos) {
            g.save();
            g.clipRect(15, 130 + 25 * i, 15 + 85, 130 + 25 * i + 20);
            g.drawBitmap(img[Menu], 15, 130 + 5 * i, paint);
            g.restore();
        }
    }
    g.save();
    g.clipRect(25, 130 + 25 * (pPos - 1), 25 + 85,
        130 + 25 * (pPos - 1) + 20);
    g.drawBitmap(img[Pointer], 25 - delay / 5 * 85, 130 + 25 * (pPos - 1),
        paint);
    g.restore();
```

```java
            g.save();
        g.clipRect(25, 130 + 25 * (pPos - 1), 25 + 85,
                130 + 25 * (pPos - 1) + 20);
        g.drawBitmap(img[Menu], -60, 130 + 5 * (pPos - 1), paint);
        g.restore();
        sp.setPos(sp.getPosX(), 114 + 25 * (pPos - 1));
        sp.paint(g);
        sp.move1(sp.getDir(), 200);
        if (sp.getPosX() < 20) {
            sp.move1(1, 200);
        }
        if (sp.getPosX() > 94) {
            sp.move1(2, 200);
        }
        delay++;
    }


    /**
     * 绘制小菜单
     * @param g
     * @param result 小菜单种类(失败,胜利)
     * @return
     */
    public int miniMenu(Canvas g, boolean result) {
        if (delay > 14) {
            delay = 0;
        }
        if (pPos < 1) {
            pPos = 2;
        }
        if (pPos > 2) {
            pPos = 1;
        }
        switch (option) {
        case 1:
            option = 0;
            delay = 0;
            return 1;
        case 2:
            pPos = 1;
            delay = 0;
            option = 0;
```

```
        return 2;
case 0:
    int cdzx = scrWidth / 2 - 85 / 2;  //小菜单 x 坐标
    int cdzy = scrHeight * 80 / 100;   //小菜单 y 坐标
    g.save();
    g.clipRect(cdzx, cdzy + 25 * (pPos - 1), cdzx + 85, cdzy + 25
            * (pPos - 1) + 20);
    g.drawBitmap(img[Pointer], cdzx - delay / 5 * 85, cdzy + 25
            * (pPos - 1), paint);
    g.restore();
    switch (pPos) {
    case 1:
        if (result) {
            g.save();
            g.clipRect(cdzx, cdzy, cdzx + 85, cdzy + 20);
            g.drawBitmap(img[MiniMenu], cdzx - 85, cdzy, paint);
            g.restore();
        } else {
            g.save();
            g.clipRect(cdzx, cdzy, cdzx + 85, cdzy + 20);
            g.drawBitmap(img[MiniMenu], cdzx - 85, cdzy - 20, paint);
            g.restore();
        }
        g.save();
        g.clipRect(cdzx, cdzy + 25, cdzx + 85, cdzy + 25 + 20);
        g.drawBitmap(img[MiniMenu], cdzx, cdzy + 25 - 40, paint);
        g.restore();
        break;
    case 2:
        if (result) {
            g.save();
            g.clipRect(cdzx, cdzy, cdzx + 85, cdzy + 20);
            g.drawBitmap(img[MiniMenu], cdzx, cdzy, paint);
            g.restore();
        } else {
            g.save();
            g.clipRect(cdzx, cdzy, cdzx + 85, cdzy + 20);
            g.drawBitmap(img[MiniMenu], cdzx, cdzy - 20, paint);
            g.restore();
        }
        g.save();
        g.clipRect(cdzx, cdzy + 25, cdzx + 85, cdzy + 25 + 20);
```

```
                g.drawBitmap(img[MiniMenu], cdzx - 85, cdzy + 25 - 40, paint);
                g.restore();
            }
        }
    delay++;
    return 0;
}


/**
 * 绘制帮助菜单
 * @param g
 */
public void showHelp(Canvas g) {

    if (index) {

        paint.setColor(0xff000000);
        paint.setStyle(Style.FILL);
        g.drawRect(0, 0, scrWidth, scrHeight, paint);
        paint.setColor(0xff00ffff);
        paint.setTextAlign(Align.CENTER);
        g.drawText("帮助", scrWidth / 2, 20, paint);
        paint.setTextAlign(Align.LEFT);
        g.drawText("1.移动：操作杆、按键/4,6", 3, 50, paint);
        g.drawText("2.跳跃：操作杆、按键/2", 3, 115, paint);
        paint.setColor(0xffffffff);
        setCommands("返回", "翻页");
        if (rightCommand != null) {
            paint.setTextAlign(Align.CENTER);
            g.drawText(rightCommand, scrWidth - 20, scrHeight - 6, paint);
            paint.setTextAlign(Align.LEFT);
        }
        if (leftCommand != null) {
            paint.setTextAlign(Align.CENTER);
            g.drawText(leftCommand, 20, scrHeight - 6, paint);
            paint.setTextAlign(Align.LEFT);
        }
        g.save();
        g.clipRect(mouse2_x, mouse2_y, mouse2_x + 16, mouse2_y + 16);
        g.drawBitmap(img[SP], mouse2_x - 16 * mouse2_nowFrame, mouse2_y,
                paint);
        g.restore();
```

```
sp.setPos(sp.getPosX(), 80);
sp.paint(g);
sp.move1(sp.getDir(), 200);
if (sp.getPosX() < 40) {
    sp.move1(1, 200);
}
if (sp.getPosX() > 120) {
    sp.move1(2, 200);
}

g.drawBitmap(img[Button], 10, 79, paint);
switch (sz) {
case 0:
    paint.setColor(0xffff0000);
    g.drawText("4", 17, 94, paint);
    break;
case 1:
    paint.setColor(0xff05B386);
    g.drawText("4", 17, 94, paint);
    break;
}
g.drawBitmap(img[Hand], 10, hand_y, paint);

g.drawBitmap(img[Button], 146, 79, paint);
switch (sz) {
case 0:
    paint.setColor(0xffff0000);
    g.drawText("6", 153, 94, paint);
    break;
case 1:
    paint.setColor(0xff05B386);
    g.drawText("6", 153, 94, paint);
    break;
}
g.drawBitmap(img[Hand], 146, hand_y, paint);

g.drawBitmap(img[Button], 10, 149, paint);
switch (sz) {
case 0:
    paint.setColor(0xffff0000);
    g.drawText("2", 17, 164, paint);
    break;
```

```
        case 1:
            paint.setColor(0xff05B386);
            g.drawText("2", 17, 164, paint);
            break;
    }
    g.drawBitmap(img[Hand], 10, hand_y + 70, paint);

    //小手上下按的动作
    if (hand_fx == 1) {
        if (hand_y <= 65) {
            hand_y += 1;
            sz = 1;
        } else {
            hand_fx = 0;
        }
    } else {
        if (hand_y >= 63) {
            hand_y -= 1;
            sz = 0;
        } else {
            hand_fx = 1;
        }
    }
    //老鼠上下蹦的动作
    if (mouse2_fx == 1) {
        if (mouse2_y <= 150) {
            mouse2_y += 3;
            mouse2_nowFrame = 0;
        } else {
            mouse2_fx = 0;
        }
    } else {
        if (mouse2_y >= 135) {
            mouse2_y -= 3;
            mouse2_nowFrame = 4;
        } else {
            mouse2_fx = 1;
        }
    }
} else {
    paint.setColor(0xff000000);
    paint.setStyle(Style.FILL);
```

```
g.drawRect(0, 0, scrWidth, scrHeight, paint);
paint.setColor(0xffffffff);
setCommands("返回", "翻页");
if (rightCommand != null) {
    paint.setTextAlign(Align.CENTER);
    g.drawText(rightCommand, scrWidth-20, scrHeight-6, paint);
    paint.setTextAlign(Align.LEFT);
}
if (leftCommand != null) {
    paint.setTextAlign(Align.CENTER);
    g.drawText(leftCommand, 20, scrHeight - 6, paint);
    paint.setTextAlign(Align.LEFT);
}
paint.setColor(0xff00ffff);
paint.setTextAlign(Align.CENTER);
g.drawText("道具说明", scrWidth / 2, 26, paint);
paint.setTextAlign(Align.LEFT);
g.drawText("碰撞火球会导致主人公死亡", 26, 65, paint);
g.drawText("拾取所有红宝石后才能过关", 26, 85, paint);
g.drawText("拾取蓝宝石后可限时穿越火球", 26, 105, paint);
g.drawText("拾取紫宝石后地图上下颠倒", 26, 125, paint);
g.drawText("在网上可不停上爬或缓慢下滑", 26, 145, paint);
g.save();
g.clipRect(2, 50, 2 + 22, 50 + 22);
g.drawBitmap(imgI[Danger], 2 - 22 * (a_nowFrame / 5), 50, paint);
g.restore();
g.save();
g.clipRect(2, 70, 2 + 22, 70 + 22);
g.drawBitmap(imgI[Item01], 2 - 22 * (a_nowFrame / 5), 70, paint);
g.restore();
g.save();
g.clipRect(2, 90, 2 + 22, 90 + 22);
g.drawBitmap(imgI[Power], 2 - 22 * (a_nowFrame / 5), 90, paint);
g.restore();
g.save();
g.clipRect(2, 110, 2 + 22, 110 + 22);
g.drawBitmap(imgI[Item02], 2 - 22 * (a_nowFrame / 5), 110, paint);
g.restore();
g.save();
g.clipRect(2, 130, 2 + 22, 130 + 22);
g.drawBitmap(imgI[Web], 2, 130, paint);
g.restore();
```

```
        a_nowFrame++;
        if (a_nowFrame >= 20) {
            a_nowFrame = 0;
        }
    }
}


/**
 * 绘制 "关于" 菜单
 * @param g
 */
public void showAbout(Canvas g) {
    paint.setColor(0xff000000);
    paint.setStyle(Style.FILL);
    g.drawRect(0, 0, 176, 208, paint);
    paint.setColor(0xff00ffff);
    paint.setTextAlign(Align.CENTER);
    g.drawText("关于", 176 / 2, 20, paint);
    paint.setTextAlign(Align.LEFT);
    g.drawText("开发商:", 3, 30 + 15, paint);
    g.drawText("北京酷蜂娱乐", 3, 30 + 15 * 2 + 2, paint);
    g.drawText("如果有什么建议请致电:", 3, 30 + 15 * 3 + 4, paint);
    g.drawText("010-88739733", 3, 30 + 15 * 4 + 6, paint);
    g.drawText("邮箱:", 3, 30 + 15 * 5 + 8, paint);
    g.drawText("zmglvygj@Yahoo.com.cn", 3, 30 + 15 * 6 + 10, paint);
    g.drawText("非常感谢您的使用!", 3, 30 + 15 * 7 + 12, paint);
    paint.setColor(0xffffffff);
    setCommands("返回", "");
    if (rightCommand != null) {
        paint.setTextAlign(Align.CENTER);
        g.drawText(rightCommand, scrWidth - 20, scrHeight - 6, paint);
        paint.setTextAlign(Align.LEFT);
    }
}


/**
 * 绘制飞行物体(云、飞机、乌鸦)
 * @param g
 * @param num 绘制物品标记
 */
public void drawCloud(Canvas g, int num) {
    g.save();
```

```
        g.clipRect(0, 0, scrWidth, scrHeight);
        g.drawBitmap(img[Cloud01], yun1_x, yun1_y, paint);
        g.restore();
        g.save();
        g.clipRect(yun3_x, yun3_y, 40, 20);
        g.drawBitmap(img[Cloud03], yun3_x - 40 * num, yun3_y, paint);
        g.restore();
        g.save();
        g.clipRect(0, 0, scrWidth, scrHeight);
        g.drawBitmap(img[Cloud02], yun2_x, yun2_y, paint);
        g.restore();
        yun1_x -= 1;
        yun2_x -= 3;
        yun3_x -= 2;
        if (yun1_x <= -img[Cloud01].getWidth()) {
            yun1_x = scrWidth;
        }
        if (yun2_x <= -40 * (num + 1)) {
            yun2_x = scrWidth;
        }
        if (yun3_x <= -img[Cloud03].getWidth()) {
            yun3_x = scrWidth;
        }
}

/**
 * 绘制游戏选项菜单
 * @param g
 */
public void config(Canvas g) {
    paint.setColor(0xff000000);
    paint.setStyle(Style.FILL);
    g.drawRect(0, 0, scrWidth, scrHeight, paint);
    paint.setColor(0xff00ffff);
    paint.setTextAlign(Align.CENTER);
    g.drawText("设置", scrWidth / 2, 20, paint);
    paint.setTextAlign(Align.LEFT);
    paint.setColor(0xffffffff);
    setCommands("返回", "确定");
    if (leftCommand != null) {
        paint.setTextAlign(Align.CENTER);
        g.drawText(leftCommand, 20, scrHeight - 6, paint);
```

```
                paint.setTextAlign(Align.LEFT);
            }
            if (rightCommand != null) {
                paint.setTextAlign(Align.CENTER);
                g.drawText(rightCommand, scrWidth - 20, scrHeight - 6, paint);
                paint.setTextAlign(Align.LEFT);
            }
            paint.setColor(0xffffffff);
            paint.setTextAlign(Align.CENTER);
            g.drawText("按确定键设置音乐开关", scrWidth / 2, 125, paint);
            paint.setTextAlign(Align.LEFT);
            g.drawBitmap(img[Music], (scrWidth - 85) / 2, 80, paint);
            paint.setColor(0xff0000ff);
            g.drawText(sound1 ? "开" : "关", (scrWidth - 85) / 2 + 50, 96, paint);

        }


        /**
         * 获取声音选项
         * @return
         */
        public boolean getSoundSwitch() {
            return sound1;
        }
}
```

4.3.7　Meida 类的实现

该类为游戏音乐播放的类，实现代码如下：

```
package com.tgwjn;
import android.content.Context;
import android.media.MediaPlayer;
/**
 * 游戏声音处理类
 */
public class Media {
    public static final int STATE_PLAYING = 0;
    public static final int STATE_PAUSE = 1;
    public static final int STATE_STOP = 2;
    protected int state;
    protected MediaPlayer player;
    protected boolean loop;
    private Context context;
```

```java
public int resid;
/**
 * 游戏声音构造方法
 * @param ct
 * @param resid 声音资源 id
 * @param loop 是否循环
 */
public Media(Context ct, int resid, boolean loop) {
    context = ct;
    this.loop = loop;
    this.resid = resid;
    state=STATE_STOP;
}
/**
 * 声音播放方法
 */
public void play() {
    player = MediaPlayer.create(context, resid);//建立 MediaPlayer
    if(loop) {                         //是否循环
        player.setLooping(true);
    }
        player.start();               //开始播放
        state = STATE_PLAYING;    //设置状态
}
/**
 * 声音暂停方法
 */
public void pause() {
    if (player != null) {
        player.pause();
        state = STATE_PAUSE;
    }
}
/**
 * 声音停止方法
 */
public void stop() {
    if (player != null) {
        player.stop();
        player.release();
        player=null;
        state = STATE_STOP;
```

```
        }
    }
    /**
     * 获取声音现在的状态
     */
    public int getState() {
        return state;
    }

}
```

4.3.8 Power 类的实现

Power 类的实现代码如下：

```
package com.tgwjn;
import android.graphics.Bitmap;
import android.graphics.Canvas;
/**
 * 游戏物品无敌宝石类
 */
public class Power extends Item {
    private int time;

    /**
     * 物品构造方法
     * 初始化无敌时间
     * @param img 图片
     * @param c 列
     * @param r 行
     * @param w 宽
     * @param h 高
     */
    public Power(Bitmap img, int c, int r, int w, int h) {
        super(img, c, r, w, h);
        time = 0;
    }
    /**
     * 无敌宝石时间消逝方法
     * @param g
     * @param x
     * @param y
     */
    protected void flash(Canvas g, int x, int y) {
```

```java
        if (time > 0) {
            time--;
        }
    }
    /**
     * 物品与精灵碰撞检测方法
     * 碰撞后获取无敌时间
     * @param x 精灵 X
     * @param y 精灵 Y
     * @return 是否碰撞
     */
    public boolean isTouch(int x, int y) {
        Integer num;
        for (int i = 0; i < pos.size(); i++) {
            num = (Integer) pos.elementAt(i);
            if (num.intValue() % cols * width - width < x
                    && num.intValue() % cols * width + width > x
                    && num.intValue() / cols * height - height < y
                    && num.intValue() / cols * height + height > y) {
                pos.removeElementAt(i);
                time += 100;
                return true;
            }
        }
        return false;
    }


    /**
     * 获得剩余无敌时间方法
     * @return
     */
    public int getPowerTime() {
        return time;
    }
    /**
     * 重置无敌时间方法
     */
    public void setTimeZero() {
        time = 0;
    }
}
```

4.3.9　Sprite 类的实现

Sprite 类的实现代码如下:

```java
package com.tgwjn;
import android.graphics.Bitmap;
import android.graphics.Canvas;
import android.graphics.Paint;
/**
 * 精灵类
 */
public class Sprite {
    private static final int scrWidth = 240;
    private static final int scrHeight = 320;
    //方向值
    private static final int right = 1;
    private static final int left = 2;
    private static final int up = 3;
    private static final int down = 4;
    private Bitmap img, imgP;
    private int width, height, posX, posX1, posY, posY1, dir, action = 1,
            frame = 0, sframe = 0, eframe = 0, flash = 0, delay = 0;
    /**
     * 获取精灵当前坐标 X(放大 100 倍)
     * @return
     */
    public int getPosX1() {
        return posX1;
    }
    /**
     * 设置精灵坐标 X(放大 100 倍)
     * @param posX1
     */
    public void setPosX1(int posX1) {
        this.posX1 = posX1;
    }
    /**
     * 获取精灵当前坐标 Y(放大 100 倍)
     * @return
     */
    public int getPosY1() {
        return posY1;
    }
}
```

```java
/**
 * 设置精灵坐标 Y(放大 100 倍)
 * @param posX1
 */
public void setPosY1(int posY1) {
    this.posY1 = posY1;
}
private boolean power = false;
/**
 * 精灵构造方法
 * @param img 精灵图片
 * @param imgP 精灵无敌时图片
 * @param w 宽
 * @param h 高
 * @param x 坐标 X
 * @param y 坐标 Y
 * @param dir 方向
 */
public Sprite(Bitmap img, Bitmap imgP, int w, int h, int x, int y,
int dir) {
    //初始化赋值
    this.img = img;
    this.imgP = imgP;
    width = w;
    height = h;
    posX = x;
    posY = y;
    posX1 = x * 100;
    posY1 = y * 100;
    this.dir = dir;
}
/**
 * 绘制精灵方法
 * @param g
 */
public void paint(Canvas g) {  //绘制精灵
    Paint p = new Paint();
    //判断精灵方向
    int num;
    if (action == 2) {
        num = 2;
    } else {
```

```
            num = 0;
        }
    if (dir == right) {
        g.save();
        g.clipRect(posX, posY, posX + width, posY + height);
        g.drawBitmap(img, posX - width * frame, posY, p);
        if (power) {
            switch (flash) {
            case 0:
                g.drawBitmap(imgP, posX - width * num, posY, p);
                break;
            case 2:
                g.drawBitmap(imgP, posX - width * (1 + num), posY, p);
                break;
            }
        }
        g.restore();
    }
    if (dir == left) {
        for (int i = 0; i < width; i++) {
            g.save();
            g.clipRect(posX + i, posY, posX + i + 1, posY + height);
            g.drawBitmap(img, posX - width * frame - width + 1 + i * 2,
                    posY, p);
            g.restore();
        }
        if (power) {
            switch (flash) {
            case 0:
                for (int i = 0; i < width; i++) {
                    g.save();
                    g.clipRect(posX + i, posY, posX + i + 1, posY + height);
                    g.drawBitmap(imgP, posX - width * num - width + 1 + i
                            * 2, posY, p);
                    g.restore();
                }
                break;
            case 2:
                for (int i = 0; i < width; i++) {
                    g.save();
                    g.clipRect(posX + i, posY, posX + i + 1, posY + height);
                    g.drawBitmap(imgP, posX - width * (1 + num) - width + 1
```

```
                        + i * 2, posY, p);
                g.restore();
            }
            break;
        }
    }
}

delay++;
if (delay > 2) {
    delay = 0;
    frame++;
    flash++;
}
if (frame > eframe) {
    frame = sframe;
}
if (flash > 3) {
    flash = 0;
}
}

/**
 * 获得精灵目前 X 坐标
 * @return
 */
public int getPosX() {
    return posX;
}
/**
 * 获得精灵目前 Y 坐标
 * @return
 */
public int getPosY() {
    return posY;
}

/**
 * 设置精灵位置
 * @param x 坐标 X
 * @param y 坐标 Y
 */
```

```java
    public void setPos(int x, int y) {
        posX1 += (x - posX) * 100;
        posX = posX1 / 100;
        posY1 += (y - posY) * 100;
        posY = posY1 / 100;
    }


    /**
     * 设置精灵位置
     * @param x 移动相对 x 坐标(放大 100 倍)
     * @param y 移动相对 y 坐标(放大 100 倍)
     */
    public void setPos1(int x, int y) {
        posX1 += x;
        posX = posX1 / 100;
        posY1 += y;
        posY = posY1 / 100;
    }
    /**
     * 获得精灵运动状态
     * @return
     */
    public int getAction() {
        return action;
    }
    /**
     * 设置精灵运动状态
     * @param action
     */
    public void setAction(int action) {
        this.action = action;
    }
    /**
     * 获取精灵方向
     * @return
     */
    public int getDir() {
        return dir;
    }
    /**
     * 设置是否无敌
     * @param p
```

```java
*/
public void setPower(boolean p) {
    power = p;
}
/**
 * 获取是否无敌状态中
 * @return
 */
public boolean getPower() {
    return power;
}
/**
 * 精灵左右运动方法
 * @param dir 方向
 * @param length 运动长度(放大 100 倍)
 */
public void move1(int dir, int length) {
    if (this.dir != dir) {
        delay = 0;
    }
    this.dir = dir;
    if (Math.abs(posX1 - posX * 100) > 100) {
        posX1 = posX * 100;
    }
    switch (dir) {
    case right:
        posX1 += length;
        if (posX1 > (scrWidth - width + 2) * 100) {
            posX1 = (scrWidth - width + 2) * 100;
        }
        break;
    case left:
        posX1 -= length;
        if (posX1 < 0) {
            posX1 = 0;
        }
        break;
    }
    posX = posX1 / 100;
}
/**
 * 精灵上下运动方法
```

```java
 * @param dirV 运动方向
 * @param length 移动长度(放大100倍)
 */
public void moveV1(int dirV, int length) {
    if (Math.abs(posY1 - posY * 100) > 100) {
        posY1 = posY * 100;
    }
    switch (dirV) {
    case up:
        posY1 -= length;
        if (posY1 < 0) {
            posY1 = 0;
        }
        break;
    case down:
        posY1 += length;
        if (posY1 > (scrHeight - height) * 100) {
            posY1 = (286 - height) * 100;
        }
        break;
    }
    posY = posY1 / 100;
}

/**
 * 设置动画循环
 * @param sf
 * @param ef
 */
public void setLoop(int sf, int ef) {
    sframe = sf;
    eframe = ef;
    frame = sframe;
    flash = 0;
    delay = 0;
}
}
```

4.3.10　Tile 类的实现

Tile 类的实现代码如下：

```java
package com.tgwjn;
```

```java
import android.graphics.Bitmap;
import android.graphics.Canvas;
import android.graphics.Paint;
import android.graphics.Paint.Style;
/**
 * 游戏地图类
 */
public class Tile {
    private Bitmap img, imgWeb;
    private int width, height, cols, rows, kind, delay, count;
    private int[][] mapData;
    /**
     * 游戏地图构造方法
     * @param img 砖块图
     * @param imgWeb 网图
     * @param w 宽
     * @param h 高
     * @param c 列数
     * @param r 行数
     */
    public Tile(Bitmap img, Bitmap imgWeb, int w, int h, int c, int r) {
        this.img = img;
        this.imgWeb = imgWeb;
        width = w;
        height = h;
        cols = c;
        rows = r;
        kind = 0;
        delay = 0;
        count = 0;
    }

    /**
     * 绘制地图
     * @param g
     */
    public void drawTile(Canvas g) {
        Paint p = new Paint();
        for (int i = 0; i < rows; i++) {
            for (int j = 0; j < cols; j++) {
                if (mapData[i][j] == 3) {
```

```java
                                g.save();
                                g.clipRect(width * j, height * i, width * j + width, height
                                        * i + height);
                                g.drawBitmap(imgWeb, width * j, height * i, p);
                                g.restore();
                        } else if (mapData[i][j] != 0) {
                                g.save();
                                g.clipRect(width * j, height * i, width * j + width, height
                                        * i + height);
                                g.drawBitmap(img, width * (j - mapData[i][j] + 1), height
                                        * (i - kind), p);
                                g.restore();
                        }
                }
        }
    if (delay > 0 && count < rows / 2) {
        g.save();
        g.clipRect(0, 0, width * cols, height * rows);
        p.setColor(0xffF0FF05);
        p.setStyle(Style.STROKE);
        g.drawRect(0, count * height, width * cols - 1, count * height
                + height - 1, p);
        g.drawRect(0, (rows - 1 - count) * height, width * cols - 1,
                (rows - 1 - count) * height + height - 1, p);
        g.restore();
    }
}


/**
 * 设置地图数组
 * @param mapData
 */
public void setMapData(int[][] mapData) {
    this.mapData = mapData;
}


/**
 * 设置地图风格
 * @param k
 */
public void setTileKind(int k) {
```

```java
        kind = k;
    }


    /**
     * 精灵地图行走碰撞检测方法
     * @param x 精灵 X
     * @param y 精灵 Y
     * @param course 方向
     * @param collideTag 标记需要检测的精灵碰撞地图的数组
     * @return
     */
    public int isCollide(int x, int y, char course, int collideTag[]) {
        try {
            if (x < 0 || x > width * cols) {
                return 0;
            }
            if (y < 0 || y > height * rows) {
                return 0;
            }
            int cur_x = (x / width);
            int cur_y = (y / height);
            for (int i = 0; i < collideTag.length; i++) {
                switch (course) {
                case 'U':
                    if (y % height == 0) {
                        if (x % width == 0) {
                            if (mapData[cur_y - 1][cur_x] == collideTag[i]) {
                                return 0;
                            } //阻挡
                        }
                        if (x % width != 0) {
                            if (mapData[cur_y - 1][cur_x] == collideTag[i]
                                    && mapData[cur_y - 1][cur_x + 1] ==
collideTag[i]) {
                                return 0;
                            } //阻挡
                            if (mapData[cur_y - 1][cur_x] != collideTag[i]
                                    && mapData[cur_y - 1][cur_x + 1] ==
collideTag[i]) {
                                if (x % width < 6) {
                                    return 2;
```

```
                    } //往左走
                    else {
                        return 0;
                    } //阻挡
                }
                if (mapData[cur_y - 1][cur_x] == collideTag[i]
                        && mapData[cur_y - 1][cur_x + 1] !=
collideTag[i]) {
                    if (x % width > 16) {
                        return 3;
                    } //往右走
                    else {
                        return 0;
                    } //阻挡
                }
            }
        }
        break;
    case 'D':
        if (y % height == 0) {
            if (x % width == 0) {
                if (mapData[cur_y + 1][cur_x] == collideTag[i]) {
                    return 0;
                }
            }
            if (x % width != 0) {
                if (mapData[cur_y + 1][cur_x] == collideTag[i]
                        && mapData[cur_y + 1][cur_x + 1] ==
collideTag[i]) {
                    return 0;
                } //阻挡
                if (mapData[cur_y + 1][cur_x] != collideTag[i]
                        && mapData[cur_y + 1][cur_x + 1] ==
collideTag[i]) {
                    if (x % width < 4) {
                        return 2;
                    } //往左走
                    else {
                        return 0;
                    } //阻挡
                }
```

```
        if (mapData[cur_y+1][cur_x] == collideTag[i]
                && mapData[cur_y + 1][cur_x + 1] !=
collideTag[i]) {
                if (x % width > 18) {
                    return 3;
                } //往右走
                else {
                    return 0;
                } //阻挡
            }
        }
    }
    break;
case 'L':
    if (x % width == 0) {
        if (y % height == 0) {
            if (mapData[cur_y][cur_x - 1] == collideTag[i]) {
                return 0;
            }
        }
        if (y % height != 0) {
            if (mapData[cur_y][cur_x - 1] == collideTag[i]
                    && mapData[cur_y + 1][cur_x - 1] ==
collideTag[i]) {
                return 0;
            } //阻挡
            if (mapData[cur_y][cur_x - 1] != collideTag[i]
                    && mapData[cur_y + 1][cur_x - 1] ==
collideTag[i]) {
                if (y % height < 4) {
                    return 2;
                } //往上走
                else {
                    return 0;
                } //阻挡
            }
            if (mapData[cur_y][cur_x - 1] == collideTag[i]
                    && mapData[cur_y + 1][cur_x - 1] !=
collideTag[i]) {
                if (y % height > 18) {
                    return 3;
```

```
                    } //往下走
                    else {
                        return 0;
                    } //阻挡
                }
            }
        }
        break;
    case 'R':
        if (x % width == 0) {
        if (y % height == 0) {
            if (mapData[cur_y][cur_x + 1] == collideTag[i]) {
                return 0;
            }
        }
        if (y % height != 0) {
            if (mapData[cur_y][cur_x + 1] == collideTag[i]
            && mapData[cur_y + 1][cur_x + 1] == collideTag[i]) {
                return 0;
            } //阻挡
            if (mapData[cur_y][cur_x + 1] != collideTag[i]
            && mapData[cur_y + 1][cur_x + 1] == collideTag[i]) {
                if (y % height < 4) {
                    return 2;
                } //往上走
                else {
                    return 0;
                } //阻挡
            }
            if (mapData[cur_y][cur_x + 1] == collideTag[i]
            && mapData[cur_y + 1][cur_x + 1] != collideTag[i]) {
                if (y % height > 18) {
                    return 3;
                } //往下走
                else {
                    return 0;
                } //阻挡
            }
        }
    }
    break;
```

```
            default:
                return 0;
            }
        }
        return 1;
    } catch (Exception ex) {
    }
    return 0;
}


/**
 * 检测精灵是否在网中的方法
 * @param x 精灵 X
 * @param y 精灵 Y
 * @return 是否在网中
 */
public boolean isWater(int x, int y) {
    int cur_x = (x / width);
    int cur_y = (y / height);
    if (x % width == 0 && y % height == 0) {
        if (mapData[cur_y][cur_x] == 3) {
            return true;
        }
    } else if (x % width == 0) {
        if (mapData[cur_y][cur_x] == 3 || mapData[cur_y + 1][cur_x] == 3) {
            return true;
        }
    } else if (y % height == 0) {
        if (mapData[cur_y][cur_x] == 3 || mapData[cur_y][cur_x + 1] == 3) {
            return true;
        }
    } else {
        if (mapData[cur_y][cur_x] == 3 || mapData[cur_y + 1][cur_x] == 3
                || mapData[cur_y][cur_x + 1] == 3
                || mapData[cur_y + 1][cur_x + 1] == 3) {
            return true;
        }
    }
    return false;
}
```

```java
/**
 * 地图翻转方法
 * @return
 */
public short reverse() {
    int temp[] = new int[cols];
    if (count < rows / 2) {
        if (delay == 5) {
            for (int i = 0; i < cols; i++) {
                temp[i] = mapData[count][i];
            }
            for (int i = 0; i < cols; i++) {
                mapData[count][i] = mapData[rows - 1 - count][i];
                mapData[rows - 1 - count][i] = temp[i];
            }
            delay++;
        } else {
            if (delay > 10) {
                delay = 0;
                count++;
            } else {
                delay++;
            }
        }
    } else {
        if (delay < 20) {
            delay++;
            return 2;
        } else {
            count = 0;
            delay = 0;
            return 0;
        }
    }
    return 1;
}
}
```

4.3.11　Tool 类的实现

Tool 类的实现代码如下：

```java
package com.tgwjn;
```

```java
import android.content.Context;
import android.content.res.Resources;
import android.graphics.Bitmap;
import android.graphics.BitmapFactory;
import android.graphics.Rect;
public class Tool {
    Context ct;
    public Tool(Context contest){
        ct = contest;
    }
    public Bitmap createBmp(int id){
        Bitmap bmp = null;
        Resources res = null;
        res = ct.getResources();
        bmp = BitmapFactory.decodeResource(res, id);
        return bmp;
    }
    public Bitmap[] createBmp(final int id[],int num){
        Bitmap bmp[] = null;
        bmp = new Bitmap[num];
        for (int i = 0; i < bmp.length; i++) {
            Resources res = null;
            res = ct.getResources();
            bmp[i] = BitmapFactory.decodeResource(res, id[i]);
        }

        return bmp;
    }
    public boolean checkPointTouch(float x,float y,float x1,float y1,
float w1,float h1){
        if(x < x1 || y < y1 || x1+w1<x||y1+h1<y){
            return false;
        }
        return true;
    }
    public boolean checkRectTouch(int x,int y,Rect r){
        if(r.contains(x, y)){
            return true;
        }
        return false;
    }
}
```

4.3.12 游戏截图

（1）菜单界面如图 4-5 所示。

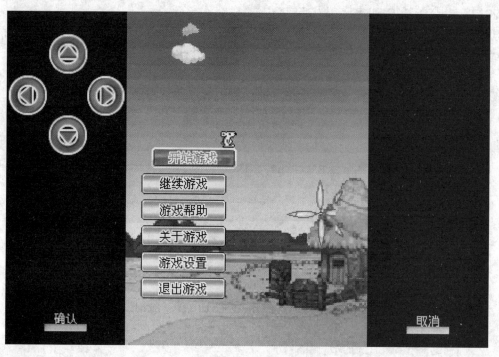

图 4-5

（2）游戏界面如图 4-6 所示。

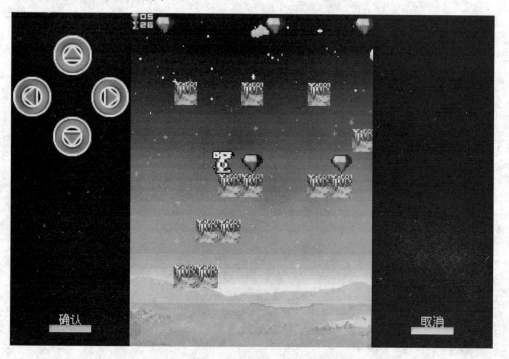

图 4-6

（3）过关场景如图 4-7 所示。

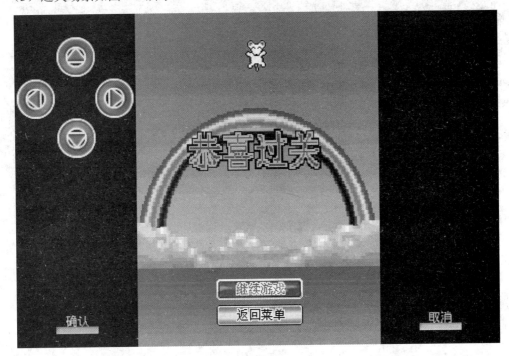

图　4-7

4.3.13　AndroidManifest.xml 文件

AndroidManifest.xml 文件代码如下：

```xml
<?xml version="1.0" encoding="utf-8"?>
<manifest xmlns:android="http://schemas.android.com/apk/res/android"
    package="com.tgwjn"
    android:versionCode="1"
    android:versionName="1.0">
  <application android:icon="@drawable/icon"
 android:label="@string/app_name">
     <activity android:label="@string/app_name"
android:name= ".GameActivity">
        <intent-filter>
           <action android:name="android.intent.action.MAIN" />
           <category
android:name="android.intent.category.LAUNCHER" />
        </intent-filter>
     </activity>

  </application>
  <uses-sdk android:minSdkVersion="3" />
<uses-permission
```

```
android:name="android.permission.VIBRATE"></uses-permission>
</manifest>
```

4.3.14　string.xml 文件

string.xml 文件代码如下：

```
<?xml version="1.0" encoding="utf-8"?>
<resources>
    <string name="app_name">通关夺宝</string>
</resources>
```

参 考 文 献

[1] （美）Sierra K 著. Head First Java（中文版）.第 2 版.Tacwaw 公司译. 北京：中国电力出版社，2007.

[2] 杨丰盛编著.Android 应用开发揭秘. 北京：机械工业出版社，2010.

[3] （美）Vladimir Silva 著.精通 Android 游戏开发. 王恒，苏金同译. 北京：人民邮电出版社，2011.

[4] 李刚著. 疯狂 Android 讲义.第 3 版. 北京：电子工业出版社，2015.